너의 성격을 숫자로 평가해 보겠습니다

도움을 주신 분들

김규원 | 김미정 | 김민애 | 김세용 | 김예원 | 노혜성 | 문정웅 |
박경민 | 비밀리에 | 손윤희 | 오준일 | 위대선 | 윤동규 | 이지현 |
전제곤 | 정보근 | 천영재 | 최우선 | 티미룸 | 쫭아재 |

너의 성격을 숫자로 평가해 보겠습니다

초판 1쇄 인쇄　2025년 5월 7일
초판 1쇄 발행　2025년 5월 15일

지은이　박재용
펴낸곳　㈜엠아이디미디어

펴낸이　최종현		**마케팅**　유정훈
기 획　김동출		**경영지원**　유정훈
편 집　최종현		**디자인**　박명원, 한미나

주소　서울특별시 마포구 신촌로 162, 1202호
전화　(02) 704-3448　|　**팩스**　(02) 6351-3448
이메일　mid@bookmid.com　|　**홈페이지**　www.bookmid.com
등록 제2011-000250호
ISBN 979-11-93828-25-0 (43400)

박재용

과학처럼 보이지만 헛소리에 불과한 주장들에 대하여

너의 성격을 숫자로 평가해 보겠습니다

MID

머리말

흔히 현대를 '과학의 시대'라고 합니다. 현대를 사는 우리에게 과학은 세계를 이해하는 가장 신뢰할 수 있는 방법으로 여겨지죠. 옛날 종교가 가졌던 권위를 지금은 과학이 가지고 있다고 여기는 이들도 있습니다. 그러나 그렇다고 해서 과학의 이름으로 제시되는 모든 주장이 믿을 수 있는 것은 아닙니다. 어떤 이들은 자신들의 이익을 위해, 혹은 특정 목적을 위해 과학의 권위를 빌리려고 합니다. 유사과학이 만들어지는 이유입니다.

그래서 우리 주변에는 수많은 유사과학이 범람합니다. 가장 쉽게 접할 수 있는 것은 건강과 관련된 유사과학이죠. 어떤 식품을 먹으면 어디에 좋다는 것부터 어떤 행동이 건강에 도움이 된다는 이야기, 혹은 이상한 제품을 몸에 걸치거나 주변에 두면 건강에 도움이 된다는 주장까지... 가장 많은 유사과학이 개인의 건강과 관련되어 있습니다.

건강과 관련한 유사과학 중에서도 치료와 관련된 유사

과학은 별도의 카테고리로 묶을 수 있을 정도입니다. 오래 전부터 내려온 민간요법에서부터 대체의학적 주장까지. 자칫하면 오히려 건강을 해칠 수도 있는 주장들이 도사리고 있습니다.

각종 음모론도 일종의 유사과학이라고 볼 수 있습니다. 기후 위기가 존재하지 않는다거나 코로나19가 다국적 제약 회사의 음모로 시작되었다는 등의 음모론들이 인터넷 여기저기에 강한 생명력을 자랑하며 번식하고 있습니다.

심리학은 유사과학의 또 다른 번식 장소입니다. 각종 심리 테스트부터 시작해서 현대 심리학과는 전혀 관련이 없는 대중 심리학에 이르기까지 다양한 유사과학이 여러분을 유혹하죠. 또한 사람을 알고 싶고 미래를 알고 싶은 우리의 바람을 토대로 한 유사과학도 있습니다. 각종 성격 테스트나 바이오리듬, 명리학, 사주, 점성술 등이 우리를 끌어들이죠.

이 책은 각 유사과학 사례에 대한 기본적인 정보를 제공하고, 과학적 증거를 바탕으로 그 주장의 타당성을 평가합니다. 또한 유사과학이 왜 널리 퍼지는지, 그리고 유사과학에 대한 비판적 사고가 중요한 이유에 대해 논의합니다. 이 책을 통해 독자들이 과학과 유사과학의 차이점을 이해하고, 과학적 증거를 바탕으로 사고하는 능력을 키울 수 있으면 좋겠습니다.

목차

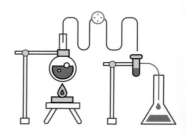

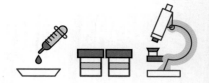

생각해보기

Q. 성격이 16가지로 나뉜다면, 세상에 단 16종류의 인간만 있을까?

Q. 천재 중에는 정말 INTJ가 많을까?

Q. 바이오리듬 앱이 내 하루를 알려준다면, 같은 날 태어난 사람은 비슷한 하루를 보내게 될까?

1

사람을, 미래를 알고 싶어

네가 나를 모르는데, 난들 너를 알겠느냐.
한치 앞도 모두 몰라. 다 안다면 재미없지.

그래도 알고 싶은 것이 나이고, 너이고, 또 미래죠. 그래서 어떻게든
알아보려고 여러 시도를 하는데 대부분 실패합니다. 그런데 어떤 이
는 자신은 성공했다고 믿고 이를 다른 사람들에게 알리죠.
사람과 미래를 알 수 있다는 유사과학 이야기입니다.

"MBTI가 과학이라면,
우리는 삶이라는 실험실에서
매번 다른 결과를 내는
삼류 과학자일지도."

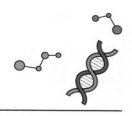

MBTI

공감보다는 논리를 앞세우는 이에게 '쟤는 대문자 T'라고 지칭하는 말이 유행입니다. 'MBTI' 이야기죠. SNS의 프로필에 자신의 MBTI를 써놓는 경우도 꽤 되고, 어떤 사람에 대해 이야기할 때 그 사람의 MBTI를 곁들이는 것이 자연스러운 요즘입니다. MBTI는 사람의 성격을 16가지로 나누죠. 일단 내향적(I)이냐 외향적(E)이냐로 나누고, 감각적(S)이냐 직관적(N)이냐로, 또 논리적(T)이냐 감정적(F)이냐로, 마지막으로 판단적(J)이냐 인식적(P)이냐로 나눕니다. 그래서 이 네 가지 쌍 중 하나씩을 가지면 나의 성격 유형이 나오게 됩니다.

그런데 왜 명칭이 MBTI일까요? MBTI는 마이어스-브릭스 유형 지표(Myers-Briggs Type Indicator)의 약자입니다. 미국의 작가인 캐서린 쿡 브릭스(Katharine Cook Briggs)와 그의 딸 이자벨 브릭스 마이어스(Isabel Briggs Myers)가 1944년에 개발한 성격 유형 검사라서 두 사람의 이름을 딴 것이죠.

일단 이들이 심리학자나 관련 학위를 받지 않았다는 점은 조금 접어두죠. 꼭 학위를 받지 않더라도 독학으로 열심히 공부해서 전문가가 될 수도 있으니까요. 브릭스와 마이어스가 MBTI에 꽤 공을 들였고 나름대로 긴 시간 연구를 한건 사실입니다.

이들의 MBTI 이론은 칼 융(Carl Gustav Jung)의 분석심리학에 기초를 두고 있습니다. 마이어스가 스스로 사람들의 성격에 대해 연구를 하면서 나름 성격 유형을 만들던 초기에 칼 융의 『심리학적 타입(Psychological Types)』이란 책을 접하면서 이를 받아들인 거죠. 실제로 칼 융의 분석심리학에 따르면 인간은 크게 외향적 유형과 내향적 유형으로 나뉘는데, 각 유형은 다시 사고형, 감정형, 감각형, 직관형으로 나눕니다. 그래서 총 8가지 유형이 있죠. 뭔가 MBTI와 비슷하죠?

사실 심리학의 역사에서 칼 융의 스승으로 알려진 지그문트 프로이트(Sigmund Freud)와 칼 융은 대단히 중요한 존재이긴 합니다. 이들에 의해 심리학이 나름의 학문적 토대를 만들었죠. 또 이 둘의 여러 개념은 심리학을 넘어 철학이나 여타 분야에도 큰 영향을 끼쳤습니다. 집단 무의식1,

---

1 모든 사람이 공통으로 가지고 있는 깊은 마음속 기억과 감정을 이들이 지칭하는 용어입니다. 예를 들어, 세계 여러 나라에 비슷한 영웅 이야기나 괴물 전설이 있는 이유를 이것으로 보았습니다.

엘렉트라 콤플렉스2, 그림자3, 페르소나4, 아니마와 아니무스5 등의 개념은 심리학 이외의 분야에서도 여전히 많이 쓰이고 있습니다.

하지만 현대 심리학에서 융의 흔적을 찾기란 쉽지 않습니다. 현대 심리학은 과학적 방법론을 도입하면서 이전의 심리학과 완전히 다른 학문이 되었다고 해도 과언이 아닙니다. 최근의 심리학에서는 다양한 실험을 과학적 방법론에 입각해 실험을 수행하고 이를 계량하면서 통계적 방법론을 도입하였죠. 또한 신경 심리학, 인지 심리학 등은 생물학의 영역과 겹치기도 합니다. 이런 과학적 연구 방법을 통해 이루어지는 현대 심리학의 입장에서 보면, 칼 융은 한때 좋은 스승이었지만 이제 그 이론의 과학적 측면은 큰 의미가 없어졌다고 볼 수 있죠.

이런 칼 융의 이론에 기초한 MBTI 또한 마찬가지입니다. 더구나 MBTI의 타당성에 대해 현재 심리학자들 대부분이 회의적입니다. MBTI가 타당하다고 이야기하는 연구는 대

---

2 어릴 때 여자아이가 아버지에게 애착을 느끼고 어머니에게 질투를 느끼는 것을 설명합니다(남자아이의 경우는 오이디푸스 콤플렉스라고 합니다).

3 자신이 드러내고 싶지 않은 성격이나 감정을 말합니다. 예를 들어, 겉으로는 착한 척하지만 마음속에는 질투심이 있는 것 같은 것입니다.

4 다른 사람들에게 보이기 위해 쓰는 마음속 '가면'을 말합니다. 예를 들어 학교에서는 모범생처럼 행동하지만, 친구들 앞에서는 장난꾸러기가 된다거나 하는 것이지요.

5 남자의 마음속에 있는 (당시 통념상) '여성적'인 모습이 아니마, 여자의 마음속에 있는 '남성적'인 모습이 '아니무스'입니다.

부분 마이어스-브릭스 재단이 운영하는 심리유형 적용센터에서 나온 것이고, 그 발표도 심리유형 적용센터의 자체 저널에 게재된 것입니다. 결국 자기들이 운영하는 곳을 제외한 어떤 권위와 신뢰를 가진 심리학 저널이나 학회에서도 MBTI는 인정을 받지 못하고 있죠.

몇 가지 이유가 있는데요, 일단 인간을 4가지든 10가지든 아니면 16가지든 이렇게 큰 유형으로 나누는 것이 가지는 한계가 존재합니다. 인간은 이런 몇 가지 유형으로 나눌 수 없는 복잡한 존재이거든요. 그리고 이 이론은 앞서 이야기했던 칼 융의 심리유형론에 토대를 두고 있고 실제로도 이와 비슷한데, 칼 융의 심리 이론 자체가 앞서 이야기한 것처럼 과학적으로 검증되지 않은 것이기 때문입니다. 더구나 MBTI 해석에 이용되는 '심리 역동 위계', 즉 주기능이 있고 부기능이 있으며 3차, 4차 기능이 있다는 이론 또한 과학적이지 않다는 것이 심리학자들의 지적입니다.

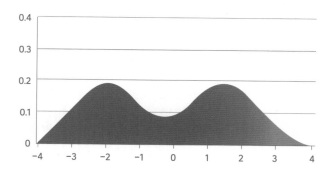

너의 성격을 숫자로 평가해보겠습니다

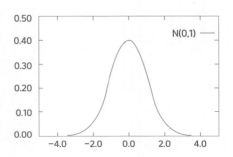

MBTI가 가지는 비과학성은 사람들의 성격을 MBTI식으로 나눌 수 없다는 것에 기인합니다. 가령 외향적이냐 내향적이냐를 기준으로 나눈다고 생각해보죠. 그 지수를 완전 외향적이면 100, 완전 내향적이면 0, 중간이면 50으로 두어보죠. 그럼 사람들의 성격이 대충 20~30이나 70~80 사이에 많이 분포하고 있다면 이런 성격 구분이 가능합니다. 하지만 실제 사람들의 성격은 통계적으로 보아서 50 부근에 가장 많습니다. 양 극단은 아주 적고 가운데가 부푼 모습이죠. 이런 경우 외향적이냐 내향적이냐를 가지고 사람 성격을 구분한다는 것이 의미가 없습니다.

그림으로 보자면 왼쪽의 그림처럼 되어야 성격 유형을 나눌 수 있는데, 실제로는 위의 그림처럼 된다는 것입니다.

실제로 사람들이 자신의 MBTI 유형을 이야기할 때 예전에는 INTJ였는데 요새는 INTP가 되었다는 식으로 이야기하는 경우가 많죠. 사람 성격이 변할 수는 있다지만 실제로 이렇게 단시간에, 그다지 특별한 사건도 없는데 변하는 경우는 별로 없습니다. 그보다는 검사를 할 당시의 기분과 환경에 따라 다른 결과가 나온 것이지요. 이렇게 다른 결과가 쉽게 나온다는 것 또한 MBTI의 비과학적인 예라고 할 수 있습니다.

결국 제가 '대문자 T'로서 MBTI를 본다면, 'MBTI는 과학이지'라고 말하기에는 이 성격 테스트가 전혀 과학적이지 않다고 자신 있게 말씀드릴 수 있습니다. 처음 MBTI를 만든 이도 뇌과학자나 심리학자가 아니고 그가 MBTI를 만들 때 기본적 원리로 사용한 것도 융의 이론인데, (융 자체야 당연히 존중할 부분이 있지만) 그의 이론은 현대 심리학에서 전혀 받아들여지지 않고 있고 그들이 사용한 방법론이 과학적 검증을 거치지 못했다는 것이 이유입니다. 그보다 더 중요하게는 실제 실험과 통계를 통해 살펴본 결과가 맞지 않은 것이지요.

하지만 '소심한 f'로 말하자면 MBTI가 스스로 파악하는 데 도움이 되고 서로 간에 관심사를 이야기하는 재료로 쓰는 걸 뭐라 할 생각은 없습니다. 그런 재미에까지 과학의 잣대를 들이미는 것에도 큰 의미가 없고요. 나도 나를 모르고 너를 모르는 세상에서 뭔가에 기대어 상대를 더 쉽게 알고 싶어하는 건 당연한 일이니까요. 그게 혈액형이든 띠든

별자리든 MBTI든 뭔 상관이겠습니까? 그러나 MBTI로 사람을 뽑고 말고 하는 기준으로 삼으면 안 되겠지요. 친구를 사귀는 기준으로 삼지도 않아야 하고요. 예전에 출신 지역에 따라 사람을 판단하거나 상종도 않았던 것과 비슷하게 아주 나쁜 일이니까 말이지요.

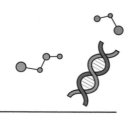

넌 무슨 리듬을 타니?
난 바이오리듬을 타.

생체리듬이라고도 하는 바이오리듬은 20세기 초부터 21세기까지 끈질긴 생명력을 갖고 살아남은 유사과학입니다. 20세기 초 독일의 의사 빌헬름 플리스(Wilhelm Fliess)가 환자들의 병력 기록을 토대로 제안한 것이 그 시작입니다.

플리스는 환자들의 증상이 일정한 주기로 반복되는 패턴을 발견하고, 인체에 리듬이 존재한다고 가정했습니다. 그의 연구 결과에 따르면, 신체 리듬은 23일, 감성 리듬은 28일 주기라고 합니다. 이후 알프레드 텔쳐(Alfred Teltscher)가 지성 리듬 33일 주기를 추가하면서 바이오리듬 이론이 완성되었죠. 과학자들의 연구 결과물이라는 점에서 일견 과학적 신빙성이 있어 보였기에 오랜 기간 지지를 받아왔습니다.

간단하게 말해서 바이오리듬이란 우리 인체가 일정한 주기를 갖고 있다는 주장이죠. 신체리듬(physical cycle)은 23일, 감성리듬(emotional cycle)은 28일, 지성리듬(intellectual cycle)은 33일이 주기라고 합니다. 이 세 가지는 출생과 동시에 시작하여 각각의 주기를 가지고 높아지고 낮아지는 것을 반복한다고 합니다. 이후 추가된 여러 주장에 따라 38일 주기의 직감리듬, 43일 주기의 미적감각리듬, 48일 주기의 자각상태리듬, 53일 주기의 영적감각리듬도 있다고 이야기하는 사람들도 있습니다.

예전에는 각자의 생년월일을 넣어서 오늘의 바이오리듬 상태가 어떤지 설명하는 텔레비전 프로그램도 있었어요. 연예인들이 나와서는 자신의 생년월일을 넣어보고 "아, 어쩐지 오늘은 말이 잘 떠오르질 않았어"라든가 "오늘 컨디션이 좋은 이유가 이거군요"라는 식으로 이야기를 하기도 했습니다. 인터넷 포털 사이트에서는 자신의 생년월일을 넣으면 그날의 바이오리듬을 제공하는 서비스를 하기도 했습니다.

그렇다고 바이오리듬이 너무 옛날 이야기 아니냐고 말하기에는 조금 이른 감이 있습니다. 지금도 플레이스토어나 앱스토어에서 바이오리듬이라고 치면 자신의 생년월일을 기반으로 현재 바이오리듬이 어떤지를 알려주는 애플리케이션이 숱하게 있습니다. 또, 요사이도 자신의 바이오리듬을 체크해서 그날 경기에 임하는 운동선수들이 있고, 감독이나 코치도 참고를 하는 경우가 있다고 해요.

그런데 이 바이오리듬을 해석하려면 무려 삼각함수가 필

요합니다. 아래의 식에서 t는 태어나서 알고자 하는 날까지의 총 생존일수입니다. 사인(sin)이란 글자만 봐도 뭔가 대단히 어렵고 복잡한 느낌이 들지요. 더구나 파이(π)까지 있으니 무시무시하게 수학적으로 보입니다.

신체 : $\sin(2\pi t/23)$
감성 : $\sin(2\pi t/28)$
지성 : $\sin(2\pi t/33)$

이렇게 어렵게 계산하니 대단히 과학적인 것 같지요? 사실은 전혀 그렇지 않습니다. 바이오리듬 이론은 몇 가지 근본적인 문제점과 허점이 있습니다. 첫째, 같은 날 태어난 사람들이 모두 동일한 리듬을 가진다는 점입니다. 2025년 1월 1일 출생아들은 모두 같은 바이오리듬을 가진다는 것인데, 이는 현실과 부합하지 않습니다. 심지어 유전자가 같은 일란성 쌍둥이조차도 완전히 같은 주기를 가지리라고 보기 어렵습니다. 개인마다 생리적, 심리적 상태와 환경이 다르기 때문입니다.

둘째, 바이오리듬은 출생 시각까지는 고려하지 않고 있습니다. 예를 들어 2025년 1월 1일 0시 1분에 태어난 아이와 23시 59분에 태어난 아이가 동일한 바이오리듬을 갖는다는 것인데, 이는 동양의 사주팔자 관점으로 보아도 부족

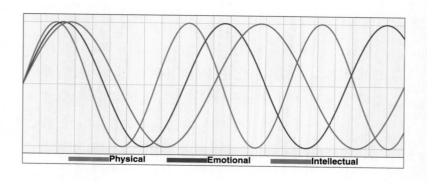

Physical　Emotional　Intellectual

한 부분입니다. 사주는 최소한 출생 시간에 따라 운명의 리듬이 달라질 수 있다고 보는데, 바이오리듬에서는 하루 전체를 동일시하고 있는 것이죠. 더구나 하루라는 기간은 항상 같지 않습니다. 하루는 지구 자전 주기로 정해지는데, 정확하게는 23.93447시간입니다. 옛날는 자전에 드는 시간이 이보다 짧았고, 앞으로는 조금씩 더 길어질 겁니다. 달이 지구를 잡아당기기 때문이죠.

셋째, 바이오리듬 계산에 사용되는 기본 주기인 23일, 28일, 33일 등이 어떤 의미를 지니는지에 대한 설명이 부족합니다. 감성주기 28일이 여성의 생리주기와 관련된다는 주장도 있지만, 아마 이런 주장은 남성이 주로 할 겁니다. 실제는 여성 모두의 생리주기가 딱 28일이진 않습니다. 그저 평균인 거죠. 개인차가 커서 일반화하기 어렵다는 점에서 문제가 있습니다. 거기다 같은 여성도 매번의 생리주기가 항상 같은 것도 아니죠. 연령과 컨디션에 따라 들쑥날쑥하기도 하고요.

 넷째, 이론상 바이오리듬의 세 주기가 모두 0이 되면 사망에 이른다고 하는데, 이는 현실과 너무나 동떨어진 예측입니다. 세 주기의 최소공배수는 21,252일입니다. 즉 58년이 조금 넘으면 세 주기가 모두 0이 되어 사망한다는 것인데, 이는 평균 수명을 고려할 때 설득력이 부족합니다. 특히 80세가 넘는 평균 수명을 가진 현대인들에게는 너무나도 터무니없는 주장입니다.

 그럼에도 바이오리듬 이론이 이렇게 오랫동안 지속될 수 있었던 이유는 계산 방식이 복잡해 보이고 주기성이 있어 과학적으로 보였기 때문입니다. 출생일을 기준으로 사인(sin) 함수를 사용해 계산하는데, 이 수식을 본 일반인들은 수학적으로 보여 혼란스러웠을 것입니다. 그러나 실제는 바이오리듬 이론의 기본 가정과 전제 자체에 문제가 있습니다. 단순히 출생일에만 의존하는 등 많은 허점을 안고 있는 것이죠.

 사람들이 바이오리듬에 매료되는 이유 중 하나는 이것이 좋은 '운명 주기설'의 예이기 때문이라는 점일 것입니다. 우리 삶에 어떤 규칙적인 패턴이 있다는 생각 자체가 마음을 끄는 것이죠. 하지만 현실 세계를 바라보면 수많은 요인들이 복잡하게 작용하여 한 가지 원리로 모든 것을 설명하기는 어렵습니다. 삶의 리듬이 있다 해도 훨씬 더 복잡할 것입니다. 따라서 바이오리듬을 현실 세계에 대입하기에는 너무 단순화된 모델이라고 할 수 있겠습니다.

물론 생명체 내에는 여러 종류의 생체 리듬(생체 시계)이 존재하는 것은 사실입니다. 하지만 바이오리듬 이론이 제시하는 23일, 28일, 33일 등의 특정 주기가 어떤 과학적 의미를 지니는지에 대해서는 아무런 근거가 없습니다. 오히려 최근에는 우리 몸의 생체 리듬이 24시간 주기가 아닌 약 25시간 주기에 맞추어져 있다는 연구 결과도 있었습니다. 게다가 개인차도 크고 환경적 요인에 의해서도 리듬이 변할 수 있다는 것이 과학자들의 설명입니다.

결국 바이오리듬 이론은 복잡한 계산과 주기성으로 포장은 되어 있지만, 그 이면을 보자면 과학적 근거가 한없이 부족한 유사과학이라 할 수 있습니다. 운동 경기나 중요한 일정을 바이오리듬에 맞추기보다는 개인의 몸 상태와 정신 상태를 제대로 체크하여 판단하는 것이 더 중요할 것입니다.

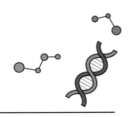

미래를 알고 싶은 작은 욕망

시간은 비가역적이어서 항상 과거에서 미래로만 흐릅니다. 이 흐름에서 제외될 수 있는 것은 아무것도 없지요. 따라서 우리는 닥쳐올 미래를 알 방법이 없습니다. 그럼에도 불구하고 우리는 미래를 알고 싶습니다. 내가 지금 여기서 어떤 결정을 하는 것이 미래의 나에게 행복한 일일까를 미리 알고 싶은 것입니다. 그래서 누군가는 명리학을 배우고, 다른 이는 역학(易學)을 배웁니다. 혹은 타로점을 치기도 하고, 심심풀이로 화투점을 떼기도 합니다.

또한 미래가 막막한 경우는 오히려 이 막막한 미래가 나 때문이 아니란 걸 확인하고 싶기도 합니다. 내가 가진 흠결이 나의 잘못이 아니라 선천적인 것이라는, 그러므로 나에게는 죄가 없다는 사실을 확인하고 싶은 거지요. 그래서 막막한 미래가 누군가 의해 이미 정해졌으니 어쩌겠어, 라며 인정하고 체념하고 싶기도 한 겁니다.

그래서 누군가 "용한 무당이 있어", 혹은 "누가 타로를 기

막히게 잘 본다더라", "명리학으로 풀면 네 미래가 다 보인 대"라고 하면 귀가 솔깃할 수밖에 없지요. 더구나 그가 내 속을 귀신같이 알아맞히거나 내가 고민하는 문제에 속 시 원한 해답을 주는 느낌을 받으면 자꾸만 믿고 싶어집니다.

그러나 미래에 관하여 단 한 가지 명확한 진실이 있다면 그것은 '누구도 앞날을 예측하지 못한다.'는 것입니다. 그 방법이 무엇이든지 말이지요. 명리학, 역학, 타로, 점성술, 무당, 예언자, 그 무엇이나 그 누구도 마찬가지입니다. 특 히 개개인의 미래는 더욱 그렇습니다.

우리는 확률적으로 확실하게 이야기할 수 있습니다. 로 또를 사면 당신이 당첨될 확률은 벼락을 맞을 확률보다 적 다고요. 우리가 살아생전 벼락에 맞을 일이 거의 없는 것 처럼 로또에 당첨될 일도 거의 없습니다. 그런데 누군가 당 신에게 번호를 몇 개 주고 이 번호대로 사면 로또에 당첨될 거라고 하면 당신은 믿을까요? 당신이 상식적인 한은 절대 로 그럴 일은 없을 겁니다. 인터넷에 떠도는 숱한 로또 당 첨의 비밀 또한 마찬가지입니다. 누구도 그런 방법으로 예 언을 할 순 없습니다. 만약 내가 로또 당첨 번호를 안다면 내가 사지 왜 남에게 알려주겠습니까?

그러나 로또에 대해 확실하게 아는 것도 있습니다. 매주 로또를 사는 이들이 있고, 그중 누군가는 당첨이 됩니다. 몇백만 분의 일의 확률이지요. 따라서 내가 매주 로또를 사는 일을 10년을 계속해도 내가 당첨될 확률은 거의 없지만, 내가 로또를 산 그 주에 누군가가 당첨될 확률은 거의 100%에 가깝습니다.

이렇듯 통계와 확률은 큰 범위 안에서는 예측하기 쉬우나 범위를 좁힐수록 예측이 어려워지고 종내에는 예측 자체가 불가능해진다는 것을 알려줍니다. 가령 우리는 몇십 년간의 통계 자료를 통해 서울시에서 매일 발생하는 교통사고의 평균 건수를 알 수 있습니다. 그럼 대략 올해 교통사고가 몇 건 정도 발생할지를 예측할 수 있겠지요. 이런 예측은 실제 결과와 차이 크게 나지 않는 경우가 대부분입니다. 그러나 범위를 1년이 아니라 1달로 좁히거나 서울시에서 종로구로 좁히면 평균값과 다른 결과가 나올 확률이 좀 더 커집니다. 범위를 하루에 종로6가에서 일어날 교통사고로 좁히면 평균값과 다른 결과가 나올 확률은 더욱 커집니다.

마찬가지로 한 개인이 평생 교통사고를 당할 수 있는 확률은 가령, '당신이 서울에 살고, 자동차로 30분 거리의 회사에 다니는 20대 남성이라면 앞으로 30년 동안 교통사고를 당할 평균값은 약 0.5회'라는 식으로 비교적 정확하게 예측할 수 있지만, 2018년에 교통사고를 당할 수 있을지는 예측하기가 힘들지요. 더구나 이번 달에 교통사고를 당할지를 예측하는 것은 불가능에 가깝습니다. 우리는 어떠한 일이 일어날 확률만 알 수 있고, 그 일이 언제 일어날 것인지에 대해선 모르는 세계에 살기 때문이지요.

다만 당신이 평소 과속을 하지 않고, 교통법규를 지킨다면 교통사고를 당할 확률이 줄어들 것이라는 것은 확실합니다. 당신이 열심히 공부를 하면 성적이 오를 확률이 높고, 다른 이들에게 성심껏 대해주면 당신을 좋아하는 이들이 늘어날 확률이 높습니다. 담배를 피우고 술을 많이 마시면 그렇지 않을 때보다 건강이 더 나빠질 확률도 높습니다.

'내가 이렇게나 열심히 했는데 왜 안 되는 거야'라고 속상하고 실망할 수 있습니다. 혹은 '내가 대충 했는데도 운이 좋았네'라며 기뻐할 수도 있습니다. 우리는 확률의 세계에 살고, 미래는 우연과 확률에 의해 결정되니까요. 그래도 우리가 열심히 살아야 하는 건, 확률이 높은 쪽에 투자하는 것이 잘 될 가능성이 높기 때문입니다.

MBTI는 사람을 이해하는 데 도움이 될까, 해가 될까?

성격을 수치나 유형으로 나누는 건 과학일까, 편견일까?

우리 인생에는 설명 가능한 주기가 있을까?

유명인이 MBTI를 말할 때, 우리는 왜 끌릴까?

성격 테스트 결과가 나를 규정짓게 두어도 될까?

생각해보기

Q. 옆구리 살이 빠지는 운동을 하면 정말 그 부분의 살만 빠질까?

Q. SNS에 나온 연예인 식단, 그대로 따라 하면 나도 그렇게 될까?

Q. 운동하면 무조건 살이 빠질까? 그럼 체대생은 다 말라야 하지 않나?

2

다이어트 좀 할까

아, 정말 미치겠어. 뭐 먹은 것도 없는데. 물만 먹어도 살찌는 체질이 있다더니 내가 그런가 봐.

맞아 맞아. 우리 엄마도 그래서 다이어트 한다고 아침마다 해독 주스 마셔.

야, 운동을 해야 돼. 난 허벅지가 너무 쪄서 허벅지 빼는 운동하고 있어.

허벅지? 그거 과자 먹어서 그래. 난 도넛 먹었더니 엉덩이가 찌더라고.

어디선가 들어본 듯한 대화 아닌가요? 만족스러운 몸을 만들기 위해 갖은 노력이 필요하다는 것은 누구나 알지만, 살을 조금이라도 쉽게 뺄 수 방법이 있다면 최소한의 노력을 들여서 최대한의 효과를 보고 싶은 것이 사람 마음이지요. 이번에는 **식이요법과 관련한 유사과학**이 주제입니다.

"물만 마셔도 살이 찐다면,
무엇을 물처럼 먹었는지를
생각해보자."

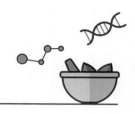

부위별 살찌는 음식, 부위별로 살 빼는 운동

운동 좀 해보자고 유튜브를 검색하면 '팔뚝살을 빼주는 운동', '종아리가 가늘어지는 운동' 등 부위별로 살을 뺄 수 있는 운동이 여럿 나옵니다. 팔뚝 운동을 열심히 하면 팔뚝살이 빠지고, 복근 운동을 하면 뱃살이, 다리 운동을 하면 종아리와 허벅지가 빠진다고요. 그런데 그런 운동을 해서 실제 부위별 살 빼기에 성공했다는 이야기는 주변에서 듣기 힘들죠. 이유는 간단합니다. 운동을 열심히 하지 않아서가 아니라 어떤 운동도 특정 부위의 살만 빼주진 못하기 때문입니다.

거울 앞에서 자기 몸을 보고 있으면 '아, 난 배만 좀 들어가면 좋을 텐데', '왜 난 허벅지가 이렇게 굵지?'와 같은 한탄이 나오는 경우가 있죠. 이걸 어떻게 해결할 수 없는지 인터넷을 검색해 보니 부위별로 특별히 살이 찌는 음식들이 나오는 게 아닙니까? 가령 감자칩이나 감자튀김, 고로케처

럼 감자가 들어 있는 음식은 등살을 투실투실 찌우고, 콜라
나 사이다는 엉덩이살을 늘리고, 고기를 먹으면 종아리가
굵어진다는 이야기도 나오죠. 발목은 우유가 들어간 제품을
먹으면 살이 찐다고 합니다. 아니, 발목도 살이 찌는지는 저
도 이번에 처음 알았네요. 그런데 이거 전부 거짓말입니다.

우리 몸은 이렇게 진화하지 않았고, 생리학적으로도 이
런 방식으로 살이 찌거나 빠지지 않습니다. 아주 예전 우리
조상들이 열대우림을 벗어나 초원에 섰을 때 가장 큰 걱정
중 하나는 먹을거리였습니다. 열대우림에서야 사시사철
꽃이 피고 열매를 맺으니, 꿀을 빨고 열매를 먹으면 되었습
니다. 나뭇잎이며 가지를 돌아다니는 애벌레를 주워먹기
도 했고요. 먹는 것에 대해선 걱정이 없었죠. 하지만 초원
에서는 열매도 꽃도 별로 없었죠. 사냥을 하려 해도 사람보
다 느린 짐승은 거의 없었습니다. 강이나 호수의 조개라도
주워먹으려면 악어가 무섭고, 물가를 노리고 있는 여러 천
적들이 두렵습니다. 결국 남은 방법은 남이 사냥하고 남긴
걸 먹는 겁니다. 하이에나 독수리와 경쟁하면서 사자며 치
타 등이 먹고 남긴 찌꺼기를 먹었죠.

이런 상황에서 우리 몸은 먹기 힘든 시절에 대비하여 쓰
고 남은 영양분을 저장하는 데 최선을 다하게끔 진화했습
니다. 탄수화물이나 단백질은 1g으로 4kcal밖에 되질 않지

만 지방은 1g에 9kcal니 지방의 형태로 저장합니다. 그런데 어디에 저장할까요? 몸을 움직는 데 불편하지 않은 곳이 제일 좋죠. 그래서 팔이며 다리는 제외하고, 가슴도 숨을 쉬어야 하니 제외합니다. 머리가 너무 무거우면 걷는 데 지장이 있으니 그도 제외합니다.

제외하고 남은 부위 중에서 여분의 영양분을 저장하는 곳이 정해지는데, 남자들은 배에 주로 저장합니다. 흔히 말하는 복부 지방이지요. 여자들은 조금 다릅니다. 아이를 낳기 위해서는 자궁이 중요하죠. 복부보다는 엉덩이와 허벅지가 더 좋습니다. 그래서 이런 부위에 우선 지방을 저장합니다. 그리고 몸 여기저기 피하지방에 골고루 나눠 저장하기도 합니다. 팔, 다리, 가슴 바깥 등 곳곳이 골고루 살이 찌는 이유입니다.

그래서 어떤 음식을 먹는지는 어느 부위에 살이 찌는 데 아무런 상관이 없습니다. 우리가 먹은 음식은 소화기관에서 모두 분해가 되어 포도당이며 아미노산, 지방이 되어 혈관을 타고 온몸을 돌아다니니까요. 고기를 먹으면 지방과 아미노산이 많고, 밥을 많이 먹으면 탄수화물이 많은 것 등의 성분 차는 있겠지만 어디 저장할 것인지를 그 종류가 정하진 않습니다. 탄수화물이 남든 단백질이 남든 지방이 남든, 결국엔 모두 지방으로 바꿔서 저장하는 거니까요. 지방세포가 주로 있는 곳은 피부 아래 피하지방층, 복부의 복부지방층, 엉덩이와 허벅지 등이죠. 그리고 지방세포가 꽉 차면 새 지방세포를 만들어 여분의 영양분을 저장합니다. 본격적으로 살이 찌는 건 이때입니다.

그럼 우리가 식이요법을 하거나 운동을 하면 어떻게 될까요? 먼저 혈액에 포함된 포도당 등이 먼저 소비가 됩니다. 그러고도 부족하면 간이나 근육에 임시 저장된 글리코겐을 포도당으로 분해하면서 공급합니다. 여기까진 살이 빠질 이유가 없습니다. 하지만 그러고도 영양분이 부족하면 이제 지방세포의 지방을 꺼냅니다. 이때 어디서 먼저 꺼낼까요? 살이 찔 때의 반대입니다. 복부와 엉덩이, 허벅지 등에 보관된 것보다 피하지방층이 먼저입니다. 복부지방은 인체가 느끼기는 장기간 보관하는 적금이고, 피하지방은 그저 입출금 통장인 거죠. 이때 팔뚝 운동을 해서 추가 영양분이 필요하다고 팔뚝의 피하지방이 먼저 영양분을 내놓진 않습니다. 우리 몸에서 지방분해효소가 가장 많이 나오는 곳은 얼굴입니다. 그래서 살을 좀 빼다 보면 얼굴은 홀쭉해지는데 배는 그대로 부풀어 있는 모습을 보는 경우가 많죠. 부위별 살 빼기가 거짓말인 이유입니다. 복부 운동을 열심히 하면 복부에 차 있던 가스가 잘 빠져서 조금 빠져 보일 수도 있긴 하겠습니다.

운동은 중요합니다. 특히 내 몸 중 근력이 모자란 부위의 운동을 하는 건 좋은 일이지요. 다만 그 부위의 살이 빠지는 것이 아니라 그 부위의 근육을 단련해서 더 좋은 몸을 만드는 일이라는 걸 명심했으면 합니다. 그래서 부위별 살빼기 운동을 하기보다는 유산소 운동과 부위별 근력 운동, 그리고 특히 코어 근육 운동을 자신에 맞게 계획을 세워서 진행하는 것이 훨씬 더 좋습니다.

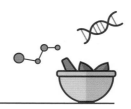

토마토, 브로콜리, 양배추, 당근을 푹 삶아줍니다. 삶은 물은 버리지 않습니다. 식으면 믹서로 잘 갈아줍니다. 사과는 껍질째로 잘 씻고 바나나는 껍질을 벗긴 뒤 믹서로 잘 갈아줍니다. 채소 간 것과 과일 간 것을 각각 밀폐용기에 넣고 냉장고에 보관합니다. 먹을 때는 이 둘을 적당히 섞어서 마셔줍니다. 기호에 따라 홍초나 매실액을 조금 넣어주기도 합니다.

인터넷에서 검색한 다이어트용 음료 해독주스 제조법 중 가장 간단한 내용입니다. 해독주스는 일단 이름이 강력하죠. 몸 안의 나쁜 독소도 없애주고 살을 빼는 데도 도움을 준다니 많은 사람들이 관심을 가집니다.

일단 과학적으로 살펴본 해독주스는 장점이 있는 것이 사실입니다. 채소로 주스를 만들어 먹는 경우 간 뒤 찌꺼기를 거르게 되는데, 이러면 채소에 풍부하게 들어가 있는 식이섬유 섭취량이 줄어듭니다. 해독주스는 통째로 먹으니 식이섬유를 충분히 먹을 수 있습니다. 식이섬유는 대장 운동에 도움을 주어 다이어트를 할 때 잘 일어나는 변비를 예방하는 효과가 있으니 나쁘지 않습니다. 또 과일과 채소를 생으로 먹을 때보다 삶아서 간 후 먹게 되면 흡수율이 더 높아지는 것도 장점이라 볼 수 있습니다. 평소 과일이나 채소를 잘 먹지 않는 경우 이런 방식으로 섭취하는 것도 나쁘지 않습니다.

그러나 딱 여기까지입니다. 일단 '해독'이라는 말은 전혀 어울리지 않습니다. 먹는 것으로 우리 몸 안의 독소를 빼는 건 불가능한 일입니다. 해독주스는 우리 몸의 소화기관을 통과할 뿐입니다. 이는 해독주스뿐만 아니라 흔히들 '디톡스' 식품이라는 것들 모두 마찬가지입니다. 레몬, 오렌지, 파인애플, 망고, 녹차, 김, 미역, 생강, 마늘 모두 독소 배출에 효과가 좋다고 말하는 식품들이죠.

사실 몸 안의 독성 물질은 이런 식품들로 빠져나가지 않습니다. 그나마 물을 많이 마시거나 식이섬유가 많은 물질들은 배변 효과가 있는 거죠. 소화기관이 아니라 우리 몸 안에 독소가 있다면 이를 해독하는 것은 간의 역할이지 소화관의 역할이 아닙니다. 차라리 간 건강에 도움이 되는 음식을 섭취하는 편이 좋겠죠. 물론 해독주스에 있는 비타민이나 미네랄 등이 우리 몸에 도움을 주는 것은 맞지만, 이는 그냥 과일을 먹거나 채소를 먹을 때도 마찬가지입니다. 해독을 하는 것이 아니라 우리 몸에 필요한 영양소의 균형을 맞출 뿐이죠. 그래서 상업적으로 판매되는 제품에는 '해독'이라는 명칭이 붙지 못합니다. 온라인에서 상품 검색을 할 때 '해톡'이라고 치면 해독주스들이 좌르르 나옵니다. 해독이란 명칭을 붙이지 못하니 해톡이라고 편법을 쓰는 거죠.

해독주스의 영향을 이야기하는 분들이 많이 거론하는 것에 '파이토케미컬'이 있습니다. 그리스어로 식물을 뜻하는 파이토와 화학물질을 뜻하는 케미컬을 합쳐서 만든 용어로, 간단하게 건강에 도움을 주는 식물성 화학물질을 말합니다. 그런데 이 파이토케미컬은 요사이 새로 발견한 것이 아니라 기존에 알던 물질들을 통칭하는 겁니다. 가령 당근이나 오렌지, 토마토 등 빨간색과 노란색 과일이나 채소에 많은 카로티노이드[1], 딸기나 포도, 자두, 녹차 등에 많은 플라보노이드[2], 콩류 제품인 두부, 된장, 간장 등에 많은 아이소플라본[3], 항산화물질로 양배추, 브로콜리, 케일 등에

---

1 우리 몸에서 눈과 피부를 보호하고, 일부는 비타민 A로 변할 수 있습니다.
2 항산화 물질로 유명하며, 혈관 건강에 특히 도움이 된다고 알려져 있습니다.
3 우리 몸에서 여성호르몬과 비슷한 작용을 하여 뼈 건강과 갱년기 증상 완화에 도움이 된다고 알려져 있습니다.

많은 글루코시놀레이트4 등이 대표적인 파이토케미컬입니다. 이렇게 나열하고 보니 이전에도 좋은 성분이라고 이야기하던 것들이죠. 그리고 이런 성분이 많은 식품은 해독주스를 만드는 재료 말고도 수없이 많습니다.

결국 우리가 여러 가지 반찬을 놓고 먹는 식사와 비교해서 특별한 우위를 가지기 힘들죠. 가령 두부가 들어간 된장찌개와 김치, 그리고 한두 가지 나물과 멸치조림, 콩자반, 계란 후라이 등으로 아침을 먹는 것과 해독주스를 한 잔 마시는 것 중 어떤 것이 더 균형 있는 영양 성분을 가지고 있느냐는 말할 필요도 없습니다. 그렇다면 해독주스라는 말보다는 과채 주스라는 말이 더 적합할 터입니다. '해독'이라는 거창한 이름이 의미가 없죠.

그렇다면 다이어트용 식품으는 어떨까요? 해독주스 200ml를 한 잔 마신다면 종이컵으로 한 컵 조금 넘는 분량입니다. 약 110~120킬로칼로리 정도 됩니다. 그러니 한 끼 식사 대신 해독주스를 마시면 확실히 다이어트 효과는 있습니다. 물론 그 정도 마시고 배고픔을 참을 수만 있다면요. 그런데 저 정도 칼로리는 오렌지 주스나 다른 음료수의 칼로리와 큰 차이가 없습니다. 또 성분을 좀 살펴볼까요? 약 200ml의 해독주스는 탄수화물이 30g 정도, 그리고 단백질 2g, 지방은 0.2g밖에 없습니다. 즉 칼로리 대부분이

---

4 몸속에서 해로운 물질을 해독하고 암 예방에 도움이 된다고 알려져 있습니다.

탄수화물이죠. 더구나 과채주스이기 때문에 탄수화물 대부분은 포도당이나 과당 같은 단당류와 젖당이나 설탕 같은 이당류가 대부분입니다. 다이어트의 적이라고 다들 난리인 탄수화물이, 그것도 몸에 쌓이기 굉장히 좋은 형태로 존재하는 거죠.

결국 해독주스는 나쁜 음료는 아니지만 영양소 측면에서만 보면 대단히 불균형한 식품이지요. 이런 해독주스를 마시면 우리 몸에 필수 성분인 단백질과 지방이 아주 부족해질 수밖에 없습니다. 그렇다고 아침을 해독주스 한 잔으로 해결했다고 점심으로 햄버거나 삼겹살을 먹는다면 무슨 소용이 있겠습니까?

이런 이유로 과일과 채소가 정말 먹기 싫은데 해독주스는 입에 맞는다면 마시는 걸 말릴 생각은 없습니다만... 다이어트용으로, 혹은 정말 '해독'이 된다고 믿고 섭취하진 않았으면 하는 것이 제 바람입니다. 항상 다이어트용 제품에 대해 말씀드릴 때 덧붙이는 이야기지만 여러 음식을 골고루 먹으면서 칼로리를 낮추는 것이 최선입니다.

맘껏 먹어도 살 안 쪄? 구석기 다이어트

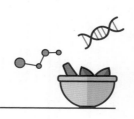

　구석기 시대 인류처럼 먹으면 영양분도 골고루 섭취하면서 살도 뺄 수 있다는 구석기 다이어트. 정말이라면 얼마나 좋을까요? 매번 다이어트를 하고 돌아서면 다시 살이 찌는 저도 정말 저런 다이어트가 있다면 좋겠습니다. 미국의 유명한 배우 메건 폭스나 앤 해서웨이와 농구 스타 르브론 제임스와 코비 브라이언트 등이 이런 식사법을 한다고 해서 유명세를 탔습니다. 하지만 막상 그 방법을 들여다보면 음... 고개를 갸웃거리게 됩니다.

　일단 구석기 다이어트는 신선한 육류나 생선, 달걀, 채소, 과일, 견과류, 씨앗, 허브, 향신료, 건강에 좋은 지방 등을 위주로 식단을 짜고 각종 가공식품과 설탕, 청량음료, 곡물, 유제품, 콩, 인공 감미료, 식물성 기름, 마가린 및 트랜스 지방을 먹지 않는 방법으로 하는 다이어트입니다.

　이런 구석기 식단으로 먹으면 성인병에 걸릴 확률이 적다고 주장합니다. 그런데 구석기인들은 평균 수명이 25세

전후로 짧았습니다. 물론 영아 사망률이 높은 것도 원인입니다만, 성인이 된 사람들의 평균 수명도 현재보다 짧았죠. 그래서 성인병에 주로 노출되는 60대 이상이 현재보다 적었습니다. 거기다 구석기인이 현대인보다 성인병에 걸린 비율이 적다는 통계 또한 신뢰할 수 있는 것이 없습니다. 차라리 19세기나 18세기와 비교하면 20세기 이후 서구 유럽이 성인병 비율이 높은데 이에 대해 과학자들은 두 가지 이유를 듭니다. 육류 섭취량이 증가했고 전반적으로 과잉 영양에 의한 비만 영향이 크다고요. 그런데 구석기 다이어트는 육류와 달걀 등을 많이 먹자는 거잖아요?

또 하나, 저 식단이 과연 구석기인 전체의 식단 혹은 평균적 식단일까요? 달걀은 닭이 가축이 된 다음부터 제대로 먹었던 음식입니다. 그런데 닭이 가축이 된 건 농업이 진행되고도 한참 후의 일입니다. 거기다 생선은 물가에 사는 이들이 주로 먹을 수 있는 음식이고, 그마저도 겨울에는 거의 섭취가 불가능합니다. 겨울에도 생선을 섭취하려면 잘 말리거나 훈제를 해야 하는데, 그럴 정도로 물고기를 많이 잡을 수 있었던 것도 기술이 어느 정도 발달한 뒤의 이야기입니다. 더구나 내륙 지역에 살았던 구석기인은 생선을 먹기가 쉽지 않았겠죠.

또 겨울철에는 사냥도 힘들고 과일이나 채소도 없었습니다. 겨울에 구석기인들은 꽤 많이 굶주렸고, 먹을 것은 말린 고기와 보관하기 쉬운 낟알, 그러니까 곡물이라거나 견과류, 씨앗 등이었을 겁니다. 신선한 육류와 신선한 과일, 채소를 구할 수 있는 마트도 온라인 쇼핑몰도 없었으니까요. 반면 겨울이 없는 열대 지방의 구석기인 식사는 많이 달랐겠죠. 더구나 사냥 말고는 육류를 섭취할 방법이 없었던 구석기인들은 목축을 시작한 신석기인들보다 육류 섭취량도 더 적습니다. 우리가 먹는 육류 대부분은 사냥을 통한 것이 아니라 사육한 가축인데, 도대체 '구석기 다이어트'의 어느 부분이 구석기와 같다는 것인지 이해가 되질 않습니다.

지금도 세계 곳곳의 사람들은 저마다 먹는 습관이 다릅니다. 땅에서 나는 것이 다르니까요. 열대냐 온대냐 한대냐에 따라 다르고, 숲이 우거진 곳이냐 아니면 건조 지역이냐에 따라, 내륙이냐 해안 지역이냐에 따라 다르지요. 구석기 시대는 지금보다 훨씬 더 다를 수밖에 없었을 겁니다. 저식단이 구석기인의 평균 식단이었다는 이야기 자체가 전혀 근거가 없습니다.

실제 아마존이나 파푸아뉴기니 등 구석기 시대의 생활양식을 아직 유지하는 이들의 음식을 보면 사냥을 통해 확보한 육류는 전체 음식 중 아주 조금밖에 되질 않습니다. 파푸아뉴기니의 원주민들은 사고야자라는 나무의 열매를 주식으로 삼는데, 주성분이 전분입니다. 마찬가지로 아마

존 원주민들은 카사바란 식물의 뿌리를 주식으로 하는데 이 또한 전분, 즉 탄수화물이 주성분입니다. 우리가 감자나 고구마를 먹는 것과 전혀 다를 바가 없지요.

그렇다면 저 식단대로 하면 많이 먹어도 살이 찌지 않을까요? 전혀 아닙니다. 고기는 대표적인 고열량 음식이지요. 과일도 비타민 등의 섭취를 돕는 장점이 있지만 저열량 음식은 아닙니다. 가령 돼지고기 중 그나마 칼로리가 적다는 앞다리살도 1인분 200g에 280킬로칼로리 정도가 됩니다. 삼겹살은 200g이면 900킬로칼로리가 넘고요. 견과류도 100g에 600~700킬로칼로리 정도 됩니다. 사과 1개는 130, 귤 한 개는 70, 바나나는 100칼로리 정도입니다. 가령 난 많이 먹진 않고 그냥 1인분 정도로만 먹겠다고 돼지 목살 200g, 견과류 50g, 귤 1개, 달걀 1개를 먹으면 벌써 700

킬로칼로리가 넘습니다. 더구나 맘껏 먹는다면? 맘껏 살찔 뿐입니다. 더구나 이 식단은 가난한 사람이 실천하기는 너무 비싸다는 것 또한 단점입니다. 신선한 고기와 신선한 채소, 과일, 견과류. 살림을 하는 사람이라면 저 품목이 마트에서 얼마나 비싼지 금방 알지요.

다양한 음식을 골고루 먹는 것은 좋은 일입니다. 그리고 탄수화물 섭취량을 어느 정도 통제하는 것도 건강과 다이어트를 위해 나쁘지 않습니다. 그러나 구석기인들에 대한 환상과 쉬운 다이어트에 대한 환상은 전혀 과학적이지 않습니다.

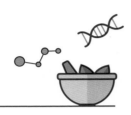

다이어트용 음식?

아주 많은 사람들이 다이어트에 관심을 가지고 또 정말 많은 사람들이 살을 빼려고 시도를 하지만 높은 비율로 실패하고 맙니다. 누구나 알고 있듯이 다이어트는 아주 간단한 한 가지 원칙만 지키면 됩니다. 매일 내가 소비하는 칼로리보다 더 적은 칼로리만 먹으면 됩니다. 이렇게 말하면 어디서 돌이 날아오는 소리가 들리는 듯도 합니다만 사실이게 다이어트의 처음이자 끝입니다.

어떤 사람들은 자신이 물만 먹어도 살이 찐다고 하는데, 아주 특수한 질환을 앓는 분들을 제외하면 모두 거짓말입니다. 가슴에 손을 얹고 생각해보세요. 내가 마신 것이 칼로리가 거의 없는 생수나 아이스 아메리카노인지, 아니면 카페라떼나 스무디인지. 혹은 아이스 아메리카노만 먹기심심해서 에그 타르트를 곁들인 것은 아닌지. 물만 마셔서살이 찌는 사람은 세상 어디에도 없습니다.

불행하게도 인간은 식이요법에 적응하기 대단히 힘들도

록 진화되었죠. 아주 옛날 우리 선조들은 먹을 것이 부족한 상황에 대처하도록 진화했습니다. 그래서 칼로리가 높은 음식은 맛있고 칼로리가 적은 음식은 맛이 없게끔 느끼게 되었습니다. 혀가, 위가, 그리고 뇌가 원하는 것은 탄수화물의 단맛, 지방의 고소한 맛, 단백질 재료인 아미노산의 감칠맛 등이죠. 우리가 과자나 케이크, 떡볶이 등을 먹을 때 조금만 먹어야지라고 생각하지만 자꾸 손이 가고 입에 당기는 이유입니다. 칼로리가 맛의 지표라는 우스갯소리는 우스갯소리로만 치부하기 어려운 진화의 산물이란 것이죠.

더구나 인간은 원래 필요한 양보다 더 많이 먹어 체내에 지방으로 저장했다가 먹을 것이 없을 때 쓰도록 진화한 존재라서 내 몸이 필요한 것보다 더 많이 섭취하는 것이 자연스럽죠. 옛날에야 먹고 싶어도 먹을 게 없어서 살이 찌질 않았지만 지금은 워낙 풍족한 먹을거리 앞에 무장해제 될 수밖에 없습니다.

결국 다이어트를 한다는 것은 우리의 본능을 거스르는 일이니 쉽게 실패할 수밖에 없습니다. 마치 아침 일찍 일어나겠다고 결심하지만 정작 알람이 울리면 조금만 더 누워 있고 싶고, 공부를 하다 보면 유튜브나 틱톡, 인스타그램을 보고 싶어지는 것과 전혀 다를 바 없지요.

그래서 좀 더 쉬운 방법을 찾는 것은 당연한 일입니다.

저탄고지, 원푸드 다이어트, 식사일기 식단, 간헐적 단식 등 다양한 다이어트 방법이 유행하고, 다이어트 제품이 나오는 이유죠. 하지만 어떤 방법이든 일장일단이 있습니다. 앞서 이야기한 것처럼 결국은 내가 소비하는 칼로리보다 덜 먹는 것이 유일한 방법이죠.

여기 하나 더, 운동을 통해서 살을 뺀다는 것은 사실 착각에 가깝습니다. 가령 한 시간 반 정도 꾸준히 1만 보를 걷는다면 그 과정에서 소모되는 칼로리라고 해봐야 대략 300킬로칼로리 정도입니다. 햇반 한 공기 정도에 불과하죠. 1만 보를 걷고 오늘 운동했으니 나에게 상으로 밀크 쉐이크나 카라멜 마끼야또 한 잔을 준다면 차라리 걷지 않고 안 마시는 것보다 못하죠.

또, 근력 운동을 통해 근육을 키우면 기초대사량이 높아져서 많이 먹어도 된다고 하지만 사실 식이요법이 병행되지 않는다면 대부분은 '건강한 뚱보'가 될 뿐입니다. 근육이 커지면서 추가되는 기초대사량은 생각만큼 많지 않습니다. 근력 운동을 하고 유산소 운동을 하는 것은 식이요법이나 다이어트와 무관하게 내가 건강하기 위해서입니다. 물론 근육이 커지면 같은 체중이라도 균형 있는 몸매와 더불어 같은 체중이라도 덜 살쪄 보이는 효과는 있습니다.

다이어트에 왕도는 없습니다. 균형 잡힌 식단을 꾸준히 유지하고, 식사 이외의 군것질을 하지 않는 것이 최선이지요. 적당한 유산소 운동과 근력 운동을 곁들이는 걸 잊지 말고요. 물론 쉽지 않습니다. 저만 해도 매번 실패하는 걸요. 그러나 어쩌겠습니까? 진화로 만들어진 우리 몸이 그런 걸요.

토론 주제

다이어트는 과학의 영역일까, 의지의 영역일까?

SNS에서 본 다이어트 팁을 따라 해도 괜찮을까?

식습관이 더 중요할까, 운동이 더 중요할까?

'해독'이라는 말은 왜 이렇게 매력적일까?

우리는 왜 쉽고 빠른 해결책에 끌릴까?

생각해보기

Q. 맨발로 흙길을 걸으면 건강해질 수 있을까?

Q. 몸을 따뜻하게 하면 건강에 도움이 된다는데 정말일까?

Q. 우리 몸에는 얼마나 많은 독소가 있길래 발바닥 패치의 색이
   변하는 걸까?

3

건강에 좋다던데

어려서는 주로 다이어트에 관심이 많았는데 나이 들수록 건강에 더 신경이 쓰입니다. 하지만 정석대로 하려면 힘든 게 너무 많습니다. 제일 하기 싫은 운동인 스쿼트와 플랭크, 런지를 해야 하고, 유산소 운동도 꼬박꼬박 해야 하고, 건강 검진도 규칙적으로 받고, 식사도 조심하고, 술과 담배도 끊어야 하고...

그런데도 나이에 따른 노화는 진행됩니다. 진시황의 불로초는 아니어도 뭔가 건강에 획기적으로 도움이 되는 게 있지 않을까 자주 살피게 되죠. 그런 사람들에게 맞춤인 유사과학들이 있습니다.

"자연의 이름으로
팔리는 것들 중 절반은
자연스럽게
내 지갑을 털어갈 수 있다."

　새로운 고인류 화석을 발견하면 가장 먼저 하는 일이 이족 보행을 하는지를 알아보는 것입니다. 이것이 인류를 침팬지나 고릴라 같은 다른 영장류와 구분하는 가장 중요한 기준이기 때문입니다. 두 발로 걷는 것은 인류의 가장 오래된, 그리고 가장 기본적인 특징이죠. 인류는 이 두 발로 걷기에 최적화된 신체로 진화하였습니다.

　그래서인지 꽤 많은 사람들이 가장 쉽게 할 수 있는 운동으로 걷기를 선택합니다. 저만 해도 매주 3~4일 이상은 1만 보 정도 걷죠. 사실 걷기의 운동 효과는 달리기나 수영과 같은 다른 유산소 운동보다 적습니다. 숨도 좀 차고, 피로감도 느끼는 다른 운동이 여러모로 운동 효과가 좋은 건 과학적으로도 증명되었죠. 가령 저녁에 1시간 정도를 걷는 것보다는 30분 달리는 것이 더 좋습니다.

　하지만 걷기에는 굉장한 장점이 있습니다. 일단 체력이

약하거나 체중이 과하게 많은 사람이 건강에 대한 부담 없이 할 수 있는 운동입니다. 거기다 걸으면서 음악을 듣고 여러 생각을 정리하면 스트레스도 많이 줄어들죠. 또 계단을 오르거나 적당한 산을 올라가는 수준의 걷기는 운동 효과도 좋아서 의사나 전문가들도 많이 권장합니다.

그런데 요사이 그냥 걷는 것이 아니라 맨발로 걷는 어싱(earthing)이 열풍입니다. 어싱 열풍이 불자 전국의 지방자치단체들이 맨발로 걷기 좋은 흙길을 조성하기까지 합니다. 동네 뒷산을 걷다 보면 여기저기 신발을 어깨에 지고 맨발로 걷는 이들을 자주 만나게 되죠. 그런데 맨발로 걸으면 신발을 신고 걷는 것보다 뭐가 그리 좋은 걸까요?

'어싱 전도사'를 자처하는 이들의 동영상이나 글을 보면 여러 가지 효과를 이야기합니다. 먼저 우리 몸이 지구와 연결되는 접지 효과를 이야기합니다. 땅을 맨발로 밟을 때 몸속으로 흘러드는 자유 전자가 염증과 만성 질환의 원인인 활성 산소를 중화한다고 주장하죠.

냉장고나 세탁기 같은 전기 제품의 경우 접지가 필요합니다만, 사람도 접지가 필요하다고요? 물론 잘 몰라서 하는 이야기겠지만 이건 명백한 거짓말입니다. 우선, 자유 전자가 지표면을 그렇게 떠돌아다니지 않습니다. 자유 전자는 금속에 있고 금속이 아닌 경우 거의 없습니다. 자유 전자를 얻으려면 흙이 아니라 철제 계단을 밟아야 합니다. 흙이 금속 성분을 포함하는 경우도 있긴 하겠지만요.

 그럼 금속 성분이 잔뜩 함유된 흙 위를 걷는다고 가정하고, 자유 전자가 우리 피부를 통과해서 몸 안으로 들어올 수 있을까요? 피부가 금속이라면 가능합니다만 단백질이 주 성분인 표피와 진피를 통과해서 자유 전자가 몸 안으로 들어오는 건 거의 불가능합니다. 출근 시간에 사람들이 미어터지는 서울의 지하철 2호선에서 두꺼운 패딩을 입고, 캠핑용 백팩을 매고, 대형 캐리어를 끌면서 맨 앞차에서 맨 뒤차까지 사람들 사이를 통과하는 것보다 몇십 배는 더 어렵습니다.

 더구나 이렇게 몸 안에 들어온 자유 전자가 활성 산소가 만들어지는 우리 몸 세포 곳곳의 미토콘드리아까지 닿으려면 얼마나 열심히 확산을 해야겠습니까? 이 또한 불가능에 가깝습니다. 결국 접지 효과라는 건 믿는 사람의 마음을 편안하게 해주는 플라시보 효과 이외는 아무런 효과가 없습니다.

 물론 주로 맨발로 걷는 곳이 등산로나 산책로니 나름 공기도 좋고 운동도 되지요. 당연히 걷지 않는 것보단 걷는 게 훨씬 몸에도 좋습니다. 그러나 말도 되지 않는 접지 효과를 제외하면 맨발로 걷는 것과 신발을 신고 걷는 것에는 유의미한 차이가 없습니다. 걷고 난 뒤 흙을 털어야 하는 것 정도 빼고는 말이지요. 물론 맨발로 걸을 때는 족저 인대가 더 자극을 받는 등의 효과가 있습니다. 하지만 이런 장점은 그 효과가 아주 크다고 볼 순 없습니다.

맨발로 걷는 것이 마음을 안정시키고 기분이 좋아진다면 굳이 그걸 말릴 이유는 없겠지요. 하지만 맨발 걷기는 주의할 점도 있습니다. 우선 신발을 신고 걷는 데 익숙한 사람이 맨발로 걷다 보면 걷는 동작이 부자연스러워지고, 쓰지 않던 부위를 쓰게 되니 부상의 우려가 있습니다. 그래서 처음에는 실내에서 맨발로 걸어보고, 다음에는 잔디밭이나 트랙 같이 안전한 곳에서 적응을 한 뒤 걸어야 합니다. 무턱대고 산길부터 걷다간 위험할 수 있죠.

또 체력이 아주 약한 분이나 당뇨나 다른 만성질환이 있는 분들은 웬만하면 맨발로 걸으시기보다는 신발을 신으시는 걸 추천합니다. 맨발 걷기의 가장 큰 위험은 상처가 쉽게 생긴다는 겁니다. 야외에서 흙 위를 걷다가 상처가 생기면 어떤 세균에 감염될지 모릅니다. 특히 위험한 건 파상풍균이죠. 대부분의 파상풍 환자가 흙을 통해 감염됩니다. 일단 감염되면 사망률이 10%가 넘는 아주 위험한 균이죠. 특히 노년층의 사망률은 더 높아집니다.

거기다 맨발로 걷다가 벌레에게 물린다든지 한다면 그

또한 위험하지 않을까요? 대부분의 벌레라면 쓰라린 정도로 끝날 수도 있지만 털진드기가 옮기는 쓰쓰가무시병 같은 경우는 꽤 위험합니다. 그리고 작은소피참진드기는 이보다 더 위험해서 사망률이 20~30%까지 되기도 합니다.

이런 이유로 저는 정말 안전하다고 판단되는 곳이 아니라면 맨발 걷기를 하지 않는 편이 좋다고 생각합니다. 운동을 하지 않는 것보다 걷기라도 꾸준히 하는 것이 100의 효과를 보인다면 맨발 걷기는 거기에 2~3 정도의 효과를 더 볼 수'도' 있는 정도인데, 그를 위해 여러 가지 추가적인 위험을 무릅쓸 필요가 있을까 하는 거죠. 더구나 신발을 신으면 맨발로 걷기 힘든 길도 쉽게 걸을 수 있는데, 굳이 벗을 필요가 있을까요?

발바닥 패치

　종아리가 잘 붓고 두꺼워 고민이던 이들은 자주 폼롤러로 마사지를 합니다. 근육이 뭉친 것도 풀어주고 피로도 풀어주니까요. 하지만 귀찮기도 하고 아프기도 해서 며칠 하다가 관두는 경우가 많지요. 그런 사람들에게 희소식이 날아왔습니다. 밤에 발바닥에 붙이고 자면 독소를 빼주고 부기가 빠져 다리가 가늘어진다는 발바닥 패치입니다. 돈이 좀 들지만 그저 붙이고 자기만 하면 된다니 혹할 수밖에 없습니다. 광고 영상 속의 독소가 빠져 까맣게 변한 발바닥 패치를 보면 당장에라도 사서 붙이고 싶죠. 그런데 이 발바닥 패치, 정말 효과가 있을까요?

　우선 발바닥에서 빠져나온다는 독소부터 따져보죠. 광고를 보면 발바닥 패치를 붙이고 자면 나트륨, 콜레스테롤, 지방, 요소 등이 배출된다고 하죠. 그런데 이런 성분이 독소라고요? 전혀 아닙니다. 지방, 콜레스테롤, 나트륨, 요소는 우리 몸의 혈액이나 조직액, 체액에 항상 일정 비율로 있습니다. 그래서 땀이나 오줌으로 배출되는 성분이기도 합니다. 오줌으로 배출할 때는 최대한 물을 흡수해서 진하게 만드니 냄새가 심하게 나고, 땀은 물을 흡수하는 과정이 없으니 연해서 냄새가 덜할 뿐이죠. 가끔 운동을 격렬하게 해서 땀에 흠뻑 젖은 옷을 빨지 않고 하루 정도 두면 지독한 냄새가 나는 것도 수분은 증발했지만 나머지 성분이 남아서 오줌과 비슷한 냄새가 나는 겁니다. 만약 발바닥 패치가 정말 독소를 빼낸다면 저 성분들 말고 다른 성분이 나와야 하죠. 하지만 어떤 광고, 홍보를 봐도 그런 이야기는 없습니다.

땀은 운동을 하지 않아도 나옵니다. 체온을 일정하게 유지하기 위해서죠. 잠을 자는 내내 발바닥 패치를 붙이고 있으면 자연히 땀이 평소보다 더 나올 수밖에 없습니다. 수면 양말을 신는 것과 같은 효과죠. 그러니 발바닥 패치만의 특별한 성분이 독소를 빼낸다는 건 정말 말도 되지 않는 이야기입니다. 그럼 왜 발바닥 패치는 까맣게 변하는 걸까요? 이유는 그냥 수분을 흡수하면 색이 변하기 때문입니다. 땀이든 수돗물이든 생수든 어떤 물을 뿌리든 색이 검어집니다. 조금 허탈할 정도입니다.

사실 우리 몸에 독소가 있다 한들 발바닥 패치가 아니라 뭘 붙여도 빠지질 않습니다. 독소는 간이 해독하고, 간도 해독하지 못한 건 오줌과 땀으로 빠지는데 그중에서도 주로 오줌으로 빠지죠. 차라리 물을 많이 마셔 오줌을 많이 누는 것이 훨씬 효과적입니다. 그리고 만약 건강을 위협할 만한 독소가 있다면 병원에 가야 합니다. 평소 아무렇지도 않게 생활한다면 건강을 위협할 만한 독소가 없다는 거죠. 물론 혈당이 높다든가 나트륨이 너무 많다든가 콜레스테롤이 너무 많으면 건강에 좋지 않죠. 하지만 이들은 '독소' 가 아닙니다. 그리고 이 성분들을 줄이려면 먹는 걸 조심하는 것이 최선입니다. 내가 초콜릿이나 치즈케이크, 피자, 고기 등을 너무 많이 먹는 건 아닌가 되짚어 보는 것이 훨씬 현명하지 않을까요?

그렇다면 원적외선으로 발을 따뜻하게 해서 혈액 순환을 도와주고 결과적으로 다리의 부기가 빠진다는데 이건 맞는 이야기일까요? 발바닥 패치에 들어있는 유칼립투스 오일, 목초액, 쑥 추출물이 원적외선을 내놓는다고 하죠. 일단 원적외선이 나오는 건 맞습니다. 하지만 이들 물질이 특별해서가 아니고요. 사람 체온과 비슷한 온도를 가진 모든 물체는 원적외선을 내기 때문이죠. 그리고 정말 중요한 것은 원적외선은 발을 따뜻하게 하는 데 별 도움이 되질 않는다는 겁니다. 차라리 패치를 발에 딱 밀착한 것 자체가 땀이 증발하지 못하게 하니 더 도움이 되겠습니다. 이런 정도라면 수면 양말을 신고 자는 것과 비슷한 효과입니다. 차라리 잘 때 발목 부근에 낮은 쿠션 같은 것을 대면 발이 몸

보다 높아져서 혈액 순환에 더 도움이 되죠.

　안타깝게도 뭔가 먹거나 붙여서 부기가 빠지는 손쉬운 방법은 현재까지는 단 하나도 없습니다. 그럼 부기를 빼고 다리를 가늘게 하려면 어떻게 해야 할까요? 너무 간단하고 여러분도 이미 알고 있는 방법이 있습니다. 하루 종일 서 있어서 다리가 부었다고 생각이 들면 따뜻한 물에 발을 담그는 족욕이 좋죠. 그리고 마사지를 해줍니다. 폼롤러도 좋고 그냥 손으로 해도 됩니다. 근육이 뭉친 걸 풀어주는 것만으로도 효과가 있습니다.

또 하체 스트레칭 운동을 하면 좋겠습니다. 학교 체육 선생님이나 체육관의 트레이너에게 조언을 얻는 것이 최선이지만, 그게 아니면 요즘은 동영상 검색을 하면 하체에 좋은 스트레칭 운동이 넘쳐나죠. 그중 내가 따라서 하기 좋은 걸 하셔도 되고요.

그리고 평소 하체 근육을 단련하는 것이 중요하죠. 하체 근육이 튼튼해지면 조금 무리해도 다리가 붓지 않고 혈액 순환에도 큰 도움이 됩니다. 특히 종아리와 허벅지 근육이 튼튼해지면 몸도 건강해지니 좋겠죠. 스쿼트, 런지 같은 운동도 좋고 잠시 쉴 때 발뒤꿈치를 들어 올리는 것도 도움이 됩니다. 발바닥 패치란 그저 비싼 일회용 수면 양말이라 할 수 있습니다.

　게르마늄 팔찌, 게르마늄 목걸이에 대해선 『과학이라는 헛소리』 책에서 한 번 이야기한 적이 있습니다. 그런데 아직도 굉장히 많이들 팔고 있더군요. 원적외선이 나와서 여러모로 좋다고 하죠. 여기에 바이오 세라믹 식기 제품들도 원적외선이 나온다며 인기입니다. 이들 제품을 팔면서 '원적외선 좋은 건 다들 아시죠?'라고 시작하는 쇼 호스트의 멘트는 식상할 지경입니다.

　그런데 정말 원적외선이 인체에 좋은 걸까요? 만약 좋다면 그 효능은 무엇일까요? 원적외선 제품을 판매하는 기업들의 웹사이트를 들어가 살펴봤습니다. 온열 작용, 혈액 순환 촉진, 물 분자 활성화, 신진대사 촉진으로 체내에 축적된 노폐물, 유해 중금속, 농약, 유해 성분 배설 작용, 세포의 원자와 분자를 진동시켜 피부 탄력 증진 효과 등이 있다고 나오더군요.

　그럼 어떻게 원적외선이 저렇게나 좋은 영향을 끼치는

걸까요? 원적외선은 15마이크로미터에서 1밀리미터에 해당하는 파장을 가진 전자기파입니다. 적외선 중에서도 파장이 긴 편이죠. 그런데 이 파장이 물 분자의 파동과 파장이 비슷하다는 거지요. 그래서 공명 현상을 통해 물 분자를 진동시킨다는 거죠. 여기까지가 원적외선 물건을 파는 이들이 하는 말입니다. 과연 맞는 걸까요?

일단 원적외선은 아무 물질에서나 나옵니다. 대표적인 것이 인간을 비롯한 포유류입니다. 체온이 30도에서 40도 사이인 동물은 모두 원적외선을 냅니다. 손바닥을 볼 가까이 대고 있으면 따뜻해지는 걸 느낄 수 있죠. 손바닥과 볼에서 나온 원적외선이 서로 덥히기 때문입니다. 만원 지하철의 사람들 사이에 있으면 겨울에도 땀이 날 지경이죠. 원적외선을 내는 수많은 난로와 같이 있기 때문입니다.

그래도 저런 제품에서는 특별히 원적외선이 많이 나오는 것이 아닐까요? 그렇지 않습니다. 원적외선의 세기는 가장 중요하게는 온도와 관련이 있습니다. 온도가 높을수록 많이 나오는 거지요. 따라서 사람의 체온과 비슷한 온도의 제품이라면 단위 표면적당 내는 양은 사람과 비슷합니다. 그런데 팔찌나 목걸이 같은 경우 표면적이 인체에 비해 아주 적잖아요. 그러니 내놓는 원적외선도 얼마 되지 않습니다. 그리고 게르마늄과 비슷하게 원적외선을 내놓는 물질이 있습니다. 바로 흙이나 모래의 주성분인 이산화규소입니다. 해변에서 모래찜질을 하면 게르마늄 팔찌 차는 것에 비해 수백 배의 원적외선을 받을 수 있죠. 그리고 햇빛에도 원적외선이 아주 많습니다. 해를 쬐고 있으면 게르마늄 팔찌 수천 배의 원적외선을 받습니다. 그리고 좋아하는 사람과 손을 잡거나 껴안는 것도 훨씬 많은 원적외선을 받는 방법입니다.

또 하나, 원적외선이 물 분자와 공명해서 진동을 만든다는데 사실 물 분자와 공명하는 것으로는 마이크로파가 더 낫습니다. 마이크로파는 정말로 물 분자와 진동수가 같습니다. 그래서 전자레인지(microwave oven)에 음식을 넣고 돌리면 음식의 물 분자가 진동해서 온도가 올라가는 거죠. 원적외선도 물 분자와 공명하긴 하지만, 진동을 하는 것이 아니라 물 분자가 회전하게 만드는 정도의 효과가 있습니다. 마이크로파보다는 훨씬 효과가 떨어지지요. 만약 원적외선이 물 분자와 가장 공명이 잘 된다면 왜 전자레인지에 원적외선 대신 마이크로파를 사용하겠어요?

그리고 저런 원적외선은 피부 깊숙이 들어온다고 하죠. 하지만 과학자들이 측정한 결과에 따르면 약 0.2mm 정도밖에 뚫고 들어가지 못합니다. 피부 각질도 통과하기 힘들 정도입니다. 그런데 무슨 수로 피부 안쪽에 영향을 줄 수 있겠습니까? 또 하나, 원적외선이 탈취 기능이 있다는 것 또한 거짓말입니다. 원적외선을 내놓는다는 세라믹 자체가 흡착 성질을 가지기 때문이지 원적외선이 냄새를 없애진 못합니다.

그러면 어떤 이들은 정형외과나 한의원의 물리치료실에 있는 원적외선 물리치료기구 이야기를 합니다. 원적외선이 치료 효과가 있는 증거라고 말이죠. 원적외선이 인체에 미치는 단 하나의 영향은 열을 전달해주는 겁니다. 원래 전자기파는 파장이 길수록 물질에 흡수가 잘됩니다. 그러니 가시광선보다 파장이 긴 적외선, 그중에서도 가장 파장이 긴 원적외선이 열을 전달하는 용도로는 딱이지요. 너무 높은 온도에서는 화상의 우려가 있으니 낮은 온도의 원적외선을 통증 부위에 집중적으로 쬐어 부분적으로 체온을 올립니다. 체온이 올라가니 그 부위의 혈액 순환이 활발해지고 통증이 줄어드는 효과가 있습니다. 결국 원적외선의 유일한 효과는 열을 전달하는 것인데 그러려면 원적외선 치료기처럼 전기 에너지를 지속적으로 공급해야 의미 있는 효과가 있습니다.

앞서 원적외선 제품 판매 기업이 자랑하는 여러 효과 중 딱 하나 체온을 높이는 것만, 그것도 치료기 등에서만 의미가 있습니다. 온열 작용과 이에 의한 혈액 순환 촉진을 제외한 물 분자 활성화, 신진대사 촉진으로 체내 축적된 노폐물, 유해 중금속, 농약, 유해 성분 배설 작용, 세포의 원자와 분자를 진동시켜 피부 탄력을 증진하는 효과 등은 모두

하나도 증명되지 않은 허구일 뿐입니다. 아, 물 분자 활성
화는 가능하겠습니다만 그를 통해 적정 수분을 유지시키
고 피부 탄력을 좋게 한다는 건 허구입니다.

토론 주제

건강 정보를 믿을 땐, 누가 말했느냐가 더 중요할까?

플라시보 효과라도 느낀다면, 그건 좋은 거 아닐까?

건강해지고 싶은 걸까, 건강해 보이고 싶은 걸까?

'자연스럽다'는 말은 왜 매력적일까?

'내 몸은 내가 제일 잘 안다'는데,
건강 정보에도 전문가가 필요한 이유는 뭘까?

생각해보기

Q. 화상에 된장을 바르면 진짜 덜 아플까?

Q. 한약을 오래 달이면 더 약효가 세질까?

Q. 자연요법이라 부작용이 없다는 말, 믿어도 될까?

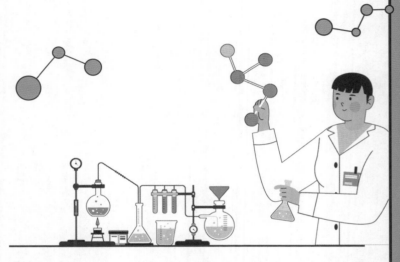

4

맨발로 걷기나 원적외선은 건강에 큰 도움은 되지 않아도 그렇다고 아주 나쁜 것도 아닙니다. 하지만 예전부터 내려오던 여러 건강 속설 혹은 민간 요법 중에는 그대로 하는 것이 **오히려 건강에 커다란 해가 되는 경우**도 있습니다.

개똥도 약에 쓰려면 없던 아주 가난하고 어렵던 시절, 약국도 의사도 없던 때의 임시 처방, 하지만 이젠 의사와 약국이 지근거리에 있잖아요.

굳이 불쾌하게 자기 오줌을 마시거나 상처에 이상한 걸 바르지 말고
치료는 의사에게, 약은 약사에게

"'아직 과학으로 증명되지
않았다'는 말이
'곧 과학이 될 것'이라는
뜻은 아니다."

오줌 마시기

　여러분 중엔 '설마 오줌을 마신다고?'라며 질색을 하는 분들도 있겠지만, 어른들 사이서 실제로 많이 행해지는 민간요법 중 하나가 오줌을 마시는 요법입니다. 한자로 줄여 '요료법'이라고 하지요.

　도대체 요료법을 하면 무엇이 좋다는 걸까요? 주장하는 이들마다 조금씩 다르기는 하지만 건강을 유지하고, 전염성 질환을 예방하고, 감기, 기침, 소화불량, 입냄새를 없애는 것에도, 열병이나 위장염, 두통, 복통에도 좋고, 눈이나 입, 코, 기관지, 이빨, 치질에도 효과가 있다고 주장하고요. 심지어는 암이나 나병, 결핵, 천식 등에도 좋다는, 그야말로 '만병통치약'입니다.

　그럼 실제로 요료법은 어떻게 하는 걸까요? 좋다는 이들의 말이나 글에 따르면 매일 아침 첫 소변의 중간 정도를 받아서 즉시 마신다는 겁니다. 아침 첫 소변에 유용한 호르몬이 가장 많다는군요. 건강한 사람은 하루 한 번, 환자는 하루에 여러 번 먹으라고 하는군요. 거기다 소변 마사지도 있다고 합니다. 마시고 난 나머지로 온몸을 문지르고 20분 있다가 냉수로 씻어낸다고 합니다. 혹은 모아 두었다가 숙성된 걸 사용하면 더 좋다고도 합니다. 여드름이 난 곳이나 무좀, 벌레 물린 곳, 비듬이 많으면 머리 감을 때도 적어도 4일 이상 묵힌 것을 사용해서 바르면 효과가 있다고 합니다. 아… 양치질에도 사용한다고 합니다.

사실 오줌을 먹거나 바르는 것은 오래된 민간요법 중 하나입니다. 옛 로마에선 이빨을 하얗게 만드려고 오줌으로 이빨을 닦았다고 합니다. 인도의 힌두교에선 신성한 소가 배출한 오줌을 살균해서 음료 '고무트라(gomutra)'로 팔기도 한다는군요. 힌두교의 영향을 받은 불교 초기 승단에서도 오래 묵힌 소의 오줌을 약으로 먹기도 했다고 합니다. 중국 저장성에선 달걀과 오리알을 남자 어린이 오줌으로 삶아서 먹는데 이를 '통즈단(童子蛋)'이라고 합니다.

하지만 현대의 요료법은 20세기 초 영국의 자연요법사(뒤에 조금 더 자세히 다룹니다) 존 암스트롱(John Armstronng)에 의해 널리 알려졌습니다. 그는 성경의 잠언에 있는 "네 우물에서 물을 마시고 네 우물에서 물을 흐르게 하라"(잠 5:15)를 "오줌을 먹으라"고 해석했다더군요. 어떻게 저런 해석이 가능한지는 모르겠지만, 그가 쓴 『생명의 물(The Water of Life)』이라는 책은 요료법의 기초 문서가 되었습니다.

그럼 과연 오줌을 마시는 건 효과가 있을까요? 전문가들은 다른 마실 것이 전혀 없고 앞으로도 상당 기간 물을 구하기 힘든 경우, 즉 사막 한가운데서 조난당했을 때 정도가 아니면 절대 마시지 말라고 이야기합니다.

인간을 비롯한 동물은 왜 오줌을 누는 걸까요? 아주 간단합니다. 우리 몸에 필요 없고, 있으면 오히려 해가 되는 물질인 암모니아와 요소(일부 동물은 요산)를 배출하기 위해서입니다.

우리 몸을 이루는 단백질은 아미노산으로 이루어져 있는데, 여기에 아미노기(NH_2)가 붙어 있습니다. 단백질을 합성하고 또 분해하는 가운데 이 아미노기가 다른 수소와 결합해서 암모니아(NH_3)가 됩니다. 암모니아는 흔히 살균제로 사용됩니다. 즉, 세균을 죽이죠. 그런데 세균만 죽는 것이 아니라 인간이나 다른 동물에게도 체내에 있을 경우 독소로 작용합니다.

그래서 우리 몸은 간에서 이 암모니아를 요소로 바꿉니다. 하지만 매번 바꾸기만 하고 내보내지를 않으면 이 또한 체내에 쌓여 건강에 좋지 않죠. 그래서 콩팥에서 암모니아와 요소를 걸러 버리는 것이 오줌입니다. 물론 땀으로도 일부 빠져나가긴 하지만, 땀으로 빼내려면 체내 수분이 엄청나게 빠져나갑니다. 그래서 물을 재흡수할 수 있는 콩팥에서 진하게 만들어서 내보내는 거죠.

물론 오줌에는 이외에도 다양한 성분이 있습니다. 대표적인 것이 나트륨 등의 이온입니다. 우리 몸에는 나트륨이나 칼륨, 마그네슘 같은 이온들이 상당히 많이 필요합니다. 그래서 소금도 일정 성분은 계속 섭취합니다. 콩팥에서도 이런 몸에 필요한 이온을 재흡수합니다. 그래서 오줌에 포함된 이온의 비율은 아주 특별한 경우를 제외하면 우리 몸에 존재하는 비율보다 적습니다. 그리고 우리 몸은 포도당이나 단백질, 비타민 같은 우리 몸에 필요한 건 오줌에 들어가지 않도록 합니다. 당연하죠. 노폐물을 내놓는 건데 필요한 성분을 같이 버릴 순 없으니까요(당뇨병 등 특정 질환에 걸린 경우나 콩팥에 손상이 있는 경우 일부 검출이 되기도 합니다).

결국 건강한 사람의 오줌에서 물을 제외한 성분 중 가장 많은 건 요소로 전체의 절반 이상을 차지합니다. 그 나머지도 주로 암모니아나 암모늄, 질산염 같은 노폐물 종류입니다. 그리고 아주 약간의 이온들이 있습니다.

오줌에 포함된 암모니아나 암모늄 그리고 질산염 등은 예전엔 옷을 빠는 데 사용되기도 했고 비료의 재료도 됩니다. 물론 현재는 둘 다 크게 쓸모가 없는 부분이긴 합니다. 유기농을 하는 분들은 오줌을 여러모로 재활용하기도 하지만요. 결국 대부분 도시에 사는 우리에게 오줌 처리의 가장 좋은 방법은 변기에 곱게 버리는 겁니다. 우리 몸이 필요 없다고 버린 오줌을 굳이 마실 필요는 없는 거지요.

자연요법

　자연요법이란 말이 낯선 분들도 있을 겁니다. 인체는 자연의 일부로 자연치유력을 가지고 있으며 이 치유력으로 신체의 이상을 극복할 수 있다고 봅니다. 그래서 물, 공기, 빛, 열 등의 자연에 존재하는 물질이나 환경의 힘을 빌려 질병을 치료하고 건강을 증진시킬 수 있다는 거지요. 향기요법(아로마테라피), 동종요법, 물요법, 단식요법, 식이요법, 기공요법, 색채요법 등이 자연요법에서 주로 이용하는 방법입니다.

　이러한 자연요법은 독일에서 시작되어 미국으로 퍼지고 다시 한국으로 들어온 대체의학의 일종입니다. 영어로 naturopathy라고 하는 말을 그대로 번역한 것이지요. 이 용어는 19세기 말 존 쉴(John Scheel)이 처음 사용했고 이 미국 자연요법의 아버지라 불리는 베네딕트 러스트(Benedict Lust)가 확산시킵니다. 베네딕트 러스트는 독일의 신부이자 자연요법 창시자인 세바스티안 크나이프(Sebastian

Kneipp)로부터 사사한 사람이기도 하죠.

이들이 사용하는 방법 중 일부 중에는 현대 의학에 의해 긍정적 요인들이 인정되는 부분도 있습니다. 가령 명상을 하거나 아로마테라피로 스트레스를 줄이거나 식이요법을 통해 영양 불균형 상태를 완화하는 것은 건강을 개선하는 데 도움이 되지요. 하지만 건강한 사람이 그 건강을 유지하기 위해 명상과 아로마테라피, 식이요법을 하는 것은 좋지만 이를 통해서 질병을 치료할 수 있다고 주장해선 곤란합니다. 더구나 이들의 주장처럼 현대 의학에 의한 치료 대신 자연요법을 쓰는 것은 심각하게 위험한 일입니다.

과체중인 사람이 식이요법을 하는 건 자연요법이라 부를 만한 것도 아닙니다. 의사들도 식이요법을 권하죠. 하지만 갑상선에 문제가 있다든가 다른 요인이 있는 경우, 그에 대한 치료도 병행해야 합니다. 평소 먹는 양에 비해 과하게 살이 찐다면 내분비계 이상을 의심해야 하고 의사의 정확한 진단이 필요합니다. 또 당뇨가 있는 사람은 당연히 식이요법을 해야 합니다. 저당식을 해야 하죠. 적당한 운동도 필요합니다. 그렇다고 인슐린 투여 등의 치료를 거부하는 건 위험한 일이지요. 주된 치료와 더불어 병행해야 건강을 유지할 수 있습니다.

특히나 암이나 신부전 등 만성질환을 자연요법으로 치료할 수 있다고 주장하는 경우는 대단히 위험합니다. 현대 의학이 모든 암을 치료하고 완치할 수 있는 것은 아니지만 다른 치료 방법에 비해선 훨씬 효과가 높고 치료 확률도 높습니다. 또 그런 치료를 하는 이유가 과학적으로 증명된 경우가 대부분입니다. 하지만 자연요법 등에 의한 치료는 통계적으로 유의미하지 않습니다.

가령 콜레라를 예로 들어보죠. 우리나라에선 거의 감염되지 않지만 열대 지방에선 아직 무서운 감염병인데 사망률이 50% 이상입니다. 코로나19보다 훨씬 무섭지요. 하지만 사망률이 50% 이상이라는 것은 걸린 사람 10명 중 4명정도는 죽지 않는다는 뜻입니다. 대부분의 감염병은 아무리 무서워도 걸린 사람이 모두 죽지는 않습니다. 일부는 운좋게 살아나지요.

콜레라에 걸렸던 환자가 자연적으로 치유되는 이유는 다양합니다. 원래 그 감염균에 내성을 가지고 있을 수도 있고, 면역력이 세균의 감염을 이겨낼 정도로 강했을 수도 있습니다. 그런데 그렇게 운 좋은 사람 중 한 명이 자신은 평소에 채식을 하고 좋은 약수를 마시고 운동을 열심히 해서콜레라에 걸려도 살아남았다고 생각합니다.

물론 여기까지는 그럴 수 있습니다. 그런데 이 논리를 조금 더 발전시켜 누구나 채식을 하고 좋은 약수를 마시고 운동을 열심히 하면 콜레라에 걸려도 살아남는다고 이야기하면 어떨까요? 콜레라에 걸려 사망한 사람 중에는 그 사람처럼 채식을 하고, 좋은 물을 마시고, 운동도 하던 같은 동네 사람들도 있었는데 거기엔 눈을 감고 말이죠. 이렇게 되면 더 많은 사람을 죽음으로 내모는 결과가 될 수밖에 없습니다.

대표적인 예가 애플의 창업자 스티브 잡스입니다. 그는 2003년 췌장암 진단을 받았는데, 그 당시까지만 하더라도 그의 암은 현대 의학으로 충분히 치료가 가능한 상태였습니다. 하지만 그는 대신 채식 위주의 식단과 약초, 침 등의 방법으로 암을 이겨내려다 상태가 악화되고 결국 사망에 이르렀지요. 그만큼 유명하지 않은 많은 이들도 초기에 암 판정을 받고 자연요법 등의 대체의학에 기대다 악화되어 현대 의학으로도 치료할 수 없게 된 경우가 허다합니다. 현대 의학으로도 치료가 불가능한 상황에선 어쩔 수 없지만 그렇지 않다면 현대 의학을 의지하는 것이 훨씬, 훨씬 더 현명한 자세입니다.

더구나 이들 중 많은 사람들이 백신 접종을 반대하기까지 합니다. 백신 접종의 중요성은 말로 설명할 필요가 없을 정도입니다. 홍역, 천연두, 소아마비 등 지금은 당연히 어릴 때 맞는 예방주사가 얼마나 많은 사람을 살렸는지만 봐도 분명합니다. 경제가 발달하면서 시골에서 자연과 더불어 사는 이들보다는 꽉 막힌 콘크리트로 지어진 집에 사는 이들의 비율이 훨씬 더 높아졌음에도 불구하고 예방주사를 맞음으로써 어릴 때 감염병으로 사망하는 비율은 100분의 1도 되지 않게 떨어졌습니다. 또 지난 코로나19 시기를 극복하는 데도 코로나 백신이 큰 역할을 한 것은 이야기하는 것이 입이 아플 정도죠.

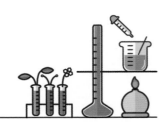

민간요법

예전에는 지금처럼 의학이 발달하지 못했죠. 우리나라도 그렇고 다른 나라도 마찬가지였습니다. 더구나 의사도 많이 없었습니다. 의료보험도 없으니 가난한 사람들은 다치거나 아파도 찾아갈 의사가 없었죠. 그래서 사람들은 살아가며 경험한 것을 토대로 어떻게든 사태를 해결하려 했고, 그 결과 만들어진 것이 민간요법입니다.

그런 민간요법 중 실제로 효과가 있는 것들도 상당히 있었죠. 가령 이빨이 아플 때 버드나무 껍질을 벗겨내고 속살을 짓이겨 물고 있으면 통증이 낫는다고 했는데, 실제로 버드나무에 있는 살리실산에는 진통 효과가 있었고 이를 응용해 아스피린이 탄생합니다. 벌침의 경우도 전문가에 의해 시행되면 염증을 가라앉히고 통증을 줄이는 효과가 있는 것으로 밝혀졌습니다. 배가 아플 때 손으로 문지르는 것도 효과가 있죠. 아메리카 원주민들이 쓰던 나무껍질에서도 키니네라는 말라리아 치료제가 발견되기도 했습니다.

하지만 이런 민간요법 중에는 상당히 위험하고 오히려 역효과를 불러일으키는 것들도 다수 있습니다. 함부로 민간요법을 쓰면 안 되는 이유입니다. 대표적인 것이 화상을 입었을 때 된장이나 간장을 바르거나 술로 씻어내는 것입니다. 화상이 심한 경우에는 특히 절대로 하면 안 되는 행위입니다. 간장이나 된장 등에 포함된 세균이 화상 부위를 감염시킬 수 있기 때문입니다. 술을 붓는 것도 금물입니다. 알코올로 소독한다고들 하지만 소독이 되려면 70도 이상의 알코올이라야 하는데 시중에 파는 술은 도수가 높아도 40도에 불과해서 도움이 되질 않습니다. 심한 화상에는 바세린을 바르거나 거즈를 대는 것도 안 됩니다. 병원에 가기 전 최선의 치료는 찬물에 약 20분 정도 담그는 것입니다. 다른 것은 예전에 병원도 별로 없고 치료도 힘들었을 때 행해졌던 민간요법이고, 그나마도 도움이 전혀 되질 않는 방법입니다.

또 하나, 아토피성 피부염이나 무좀에 목초액을 묽게 만들어 바르는 것이 효과가 있다는 민간요법도 있습니다. 목초액은 숯을 만드는 과정에서 발생한 연기로부터 만들어지며, 주로 카르복실산, 카르보닐기를 포함한 화합물과 페놀성 화합물로 구성되어 있습니다. 목초액은 불향 또는 스모크 향을 가져서 아주 소량, 그것도 차와 커피 등의 일부 제품에 향을 입히기 위해 사용되기도 합니다. 그러나 이 또한 식품 첨가물로 사용 가능한 제품은 따로 있고, 대부분의 경우는 농사를 지을 때 살균 및 제초제로 사용합니다. 먹거나 바르기 위해 만들어진 것이 아니란 거죠.

그런데 일부에서는 벌레나 뱀에게 물렸을 때, 하다못해 화상이나 당뇨, 빈혈에도 좋다는 주장도 있습니다. 또 다르게는 머리를 감을 때 사용하면 탈모 방지에 도움이 된다고 하기도 하죠. 하지만 목초액을 마시거나 바르는 것은 절대 하면 안 되는 일 중 하나입니다. 강한 산성을 지니고 있어 잘못 발랐다간 오히려 화상을 입을 수 있습니다. 또 목초액의 성분 중 메탄올은 유해물질로 피부에 묻었을 때 피부 부작용이 일어날 가능성도 있습니다. 목초액의 주성분들 중 먹기에 적합한 건 하나도 없습니다. 예전에 TV 프로그램 <위기탈출 넘버원>에서도 위험한 민간요법으로 등장했을 정도죠.

다른 민간요법 중 유명한 것으로 무좀 치료에 탁월한 효과가 있다고 알려진 빙초산이 있습니다. 빙초산은 아세트산입니다. 우리가 먹는 식초와 성분이 같죠. 그러나 시중에서 파는 식초는 아세트산이 약 5% 정도로 아주 묽게 희석된 제품이며, 식용 빙초산은 아세트산 95%~100%인 제품입니다. 이 빙초산에 무좀이 있는 발을 담그는 것은 절대로 하면 안 될 일입니다. 빙초산은 목초액보다 더 강한 산성을 띠고 있습니다. 물에 섞어 희석을 했다고 하더라도 산의

용해 작용으로 피부가 벗겨집니다. 산에 피부가 녹는 거죠. 일종의 화학 화상을 입는 겁니다. 잘못하면 피부 괴사가 일어나 발가락을 잘라야 할 수도 있습니다. 앞서 이야기한 TV 프로그램 <위기탈출 넘버원>에서 가장 위험한 민간요법으로 소개했을 정도입니다. 사실 우리가 먹는 식초도 피부에 바르면 나쁜 영향을 줄 수 있습니다. 일부에선 식초를 피부에 바르면 미용에 도움이 된다고도 하지만, 물에 타서 아주 묽게 만든 경우가 아니라면 오히려 피부를 예민하게 만들 가능성이 더 큽니다.

빙초산이나 식초의 경우 산성 제품이기 때문에 살균 효과가 있는 것은 사실입니다. 하지만 세균에게 위험한 물질의 경우 사람에게도 위험한 경우가 많은데 빙초산과 식초가 그렇습니다. 물론 식초는 사람이 먹을 수 있을 만큼 묽게 희석한 것이니 요리에 쓰는 것은 별 문제가 없고, 식용 빙초산도 식초 정도로 묽게 희석하면 상관없습니다. 그렇다고 하더라도 이 피부에 바르는 것은 절대로 피해야 할 일입니다.

토론 주제

'위험할 수도 있다'는 경고보다 '몸에 좋다'는 말이
더 쉽게 퍼지는 이유는 뭘까?

'우리 할머니도 하셨던 방법이야'는 과학적 근거가 될 수 있을까?

대체의학은 과학일까, 대안일까?

치료는 전문가에게 맡겨야 한다는 말, 언제나 옳을까?

전통과 과학은 충돌해야 할까, 함께 갈 수 있을까?

생각해보기

Q. 사람은 정말 뇌의 10%만 사용할까?

Q. SNS에서 유행하는 심리테스트, 왜 그렇게 소름 돋게 맞는 걸까?

Q. '나답지 않다'는 말, 진짜 나에 대해 뭘 알고 하는 걸까?

심리학의 오해

심리학은 과학일까요, 아닐까요? 이런 이야기를 심리학자에게 꺼내면 아마 매우 불쾌하겠죠. 왜냐하면 현대 심리학은 과학적 방법론을 통해 제대로 된 연구를 하고 또 성과를 올리고 있으니까요.

하지만 대중 심리학이라고 해서 제대로 된 검증도 없이 유행하는 심리학의 유사과학이 인터넷에 판을 치고 있습니다. 인간은 뇌의 10%밖에 사용하지 못한다든가, 리플리 증후군, 바넘 효과를 이용한 심리 테스트 등이 그것이지요.

"스스로를 알고 싶다는 욕망은
어쩌면 누가 대신
정해주기를 바라는
마음일지도 모른다."

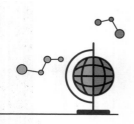

인간은 자기 뇌의 10%만 사용한다?

2014년에 개봉한 영화 <루시>는 여러모로 화제를 모았습니다. 미국의 대표 배우 스칼렛 요한슨이 주인공 '루시' 역을 맡았고, 우리나라의 대표적인 배우 최민식이 상대역인 '미스터 장'을 맡았죠. 이 영화에서 루시는 의문의 마약을 복용한 후 평소 10%밖에 사용하지 못하던 뇌를 100% 사용하면서 거의 신의 경지에 이릅니다. 하지만 청소년 관람 불가 등급이라 성인이 되어야 볼 수 있지요.

이 영화뿐만 아니라 상당히 많은 웹툰, 영화, 소설 등에서 자주 써먹는 이야기가 '인간은 자신의 뇌의 10%밖에 쓰지 못한다'는 이야기입니다. 그래서 이 한계를 돌파하면 아주 대단한 존재가 된다는 거지요. 그런데 이 말, 사실일까요? 뭐, 다들 예상하다시피 완전 거짓말입니다.

만약 우리가 뇌의 10%만 사용하고 나머지는 놀린다면 진화가 뇌를 그냥 놔두지 않았을 겁니다. 귀를 움직일 필요가 없어지자 동이근을 퇴화시키고 꼬리가 별 소용이 없자

흔적만 남긴 것이 진화입니다. 인간만이 아니죠. 동굴에 사는 동물들은 대부분 눈이 보이지 않습니다. 깜깜한 곳에서 눈이 필요 없어지자 진화가 눈을 없앤 거죠. 마찬가지로 뇌를 10%만 사용하고 있다면 나머지 사용하지 않는 90%는 진작에 사라졌을 겁니다.

  뇌는 전체 신체 질량의 2%밖에 되질 않지만 에너지의 20%를 소비합니다. 에너지 먹는 괴물이죠. 만약 우리가 정말 뇌의 10%밖에 사용하지 않는다면, 전체 신체 질량의 0.2%밖에 안 되는 주제에 에너지의 20%를 사용한다는 이야기죠. 이렇게나 비효율적인 기관은 생물의 세계 어디를 찾아봐도 없습니다.

그래도 혹시 우리가 정말 10%만 사용할 수밖에 없는 것이 아닐까 하는 의심이 들 수 있습니다. 처음 10% 이야기가 나왔던 19세기 말에서 20세기 초까지는 그럴 수도 있습니다. 당시만 하더라도 뇌과학이 아직 발전하기 전이니까요. 하지만 지금은 사정이 다릅니다. 양전자 단층 촬영(PET)이나 기능적 자기공명영상장치(fMRI) 같은 것을 통해 정밀하게 관찰할 수 있으니까요. 이를 통해 확인한 결과 손상을 입지 않은 뇌는 거의 전 영역에서 지속적으로 활동하고 있음을 알 수 있었습니다. 또 우리는 이제 뇌 내부에 미세 전극을 삽입하여 그 부분이 어떻게 활동하는지도 살펴볼 수 있는데, 이에 따르면 손상을 입지 않은 뇌는 어느 부분이고 지속적으로 활동하고 있다는 걸 알 수 있습니다.

　　그리고 현재 뇌과학은 뇌의 전 영역에 걸쳐 어떤 일을 하는지를 알고 있습니다. 가령 언어는 어느 영역에서 처리하고, 기억은 어디가 담당하고, 시각을 담당하는 곳은 어디고 하는 것이 다 밝혀지고 있습니다. 이에 따르더라도 우리가 뇌의 10%밖에 쓰지 못한다는 것은 명백히 거짓말입니다.

　　그럼에도 불구하고 뇌의 '10% 사용론'이 계속 이야기되는 이유는 두 가지 정도가 있습니다. 하나는 우리가 평소 뇌의 모든 것을 다 사용하지 않기 때문입니다. 이는 아주 자연스러운 일입니다. 가령 지금 저는 의자에 앉아 키보드를 치며 이 글을 쓰고 있습니다. 따라서 제가 다리를 움직일 일은 별로 없지요. 그래서 다리 근육을 사용하지 않습니다. 또 주변에 아무도 없기 때문에 말을 하지도 않고, 따라서 입과 후두부에 관련된 근육 또한 사용하지 않습니다. 지금은 필요가 없기 때문이죠.

뇌도 마찬가지입니다. 뇌는 내 몸의 항상성을 유지하고, 각 근육을 조절하며, 각종 외부 정보를 처리하고 단기 기억을 장기 기억으로 바꾸고, 감정을 일으키고 가라앉힙니다. 그런데 이 모든 활동이 동시에 일어날 일은 거의 없습니다. 따라서 지금 일어나고 있는 일을 담당하는 부위가 더 활성화되고 다른 부분은 조금 쉬는 거죠. 그러니 뇌가 항상 100%로 움직이는 건 아닙니다. 그렇다고 이것이 우리가 뇌를 10%밖에 사용하지 못한다는 이야기의 근거가 될 순 없습니다. 우린 뇌의 모든 영역을 다 사용하지만 그때그때 사정에 맞춰 필요한 부위가 다르다는 뜻이지요.

뇌를 10%만 사용한다는 이야기가 계속되는 두 번째 이유는 더 나은 존재가 되고 싶은 꿈 때문일 겁니다. 우리가 닥터 스트레인지나 토르, 아이언맨과 같은 슈퍼히어로를 동경하는 것과 비슷하지요. 100m를 1초만에 달린다든가, 맨몸으로 비행을 하고, 다중 우주를 마음대로 드나드는, 현실에서 절대로 일어나지 않을 것을 꿈꾸는 거죠. 만약 정말 지금 뇌를 10%만 사용하고 있다면 20%를 사용할 수 있게 되었을 때 지금보다 능력이 2배는 늘어날 것이니, 책을 한 번만 읽으면 완전히 다 이해하고, 하루만에 영어를 통달하는 걸 꿈꿀 수 있죠.

하지만 닥터 스트레인지가 상상의 산물인 것처럼 뇌 10% 사용론 또한 허구일 뿐입니다. 대부분의 우리는 어려운 책은 몇 번씩 읽어야 이해가 되고, 맨날 외우는 영어 단어를 다음 날이 되면 까먹죠. 다행인 것은 나만 그런 것이 아니라는 점이 아닐까요? 우리 뇌는 대부분 비슷하고, 모두 같은 한계를 가지고 있지요.

리플리 증후군

　이름을 밝힐 수 없는 재벌의 숨겨진 아들이라며 유명인들과 친해지고, 그들을 내세워 사기를 친 사람이 잡혔다고 가정하죠. 뉴스에서 그가 자신의 거짓말을 진짜라고 믿으며 그래서 아주 천연덕스럽게 행동했다고 전합니다. 또 다른 이는 자신이 신이 이 땅에 내린 구세주라며 자신이 머리에 손을 얹고 기도를 하면 아무리 중한 병자라도 낫는다고 주장했다고 가정하죠. 다른 뉴스에서 그가 자신의 거짓말을 진짜라 믿었고, 그를 따르던 사람도 자연히 그 거짓말을 진실로 받아들였다고 전합니다.

　이런 식으로 자신이 한 거짓말을 진짜라 믿는 것을 흔히들 '리플리 증후군'이라고 합니다. 자신이 거짓말을 해놓고 믿는 일종의 병이라 여기는 것이죠. 그런데 정말 이런 병이 있는 걸까요? 사실 그런 병은 없습니다. 그냥 사기꾼이죠.

　리플리 증후군이란 명칭은 1955년 발표된 파트리샤 하이스미스(Patricia Highsmith)의 소설 『재능 있는 리플리 씨(The

Talented Mr. Ripley)』를 각색해서 만든 영화 <태양은 가득히>가 히트하면서 붙었습니다. 소설이자 영화의 주인공인 리플리는 부자인 고등학교 동창을 죽이고 그 사람 행세를 합니다. 그리고 1999년 <리플리>라는 이름의 영화로 다시 제작되어 개봉합니다.

그런데 아시나요? 정신의학회에서 가장 자주 쓰는 미국 정신의학회에서 출판한 『정신질환 진단 및 통계 편람 (DSM)』에는 아예 리플리 증후군은 없고 그에 해당하는 질병 또한 나와 있지 않습니다. 유엔 산하 세계보건기구 (WHO)에도 마찬가지입니다. 즉 '자신의 거짓말을 정말로 믿는 증세'는 정신의학에는 아예 없다는 겁니다.

더 재미있는 건 인터넷에서 영어로 "ripley syndrome"이라고 검색을 해도 우리나라 웹사이트가 아닌 외국의 자료가 전혀 검색되지 않는다는 겁니다. 이유는 간단합니다. 일종의 콩글리쉬이기 때문입니다. 즉 외국에선 사용되지 않는 단어죠. 결국 리플리 증후군은 질병도 아니고 그저 소설과 영화에서 따온 것뿐입니다. 더구나 원작 소설과 1960년대에 나온 영화에선 리플리가 자신의 거짓말을 정말로 믿는 모습은 나오지도 않죠. 다만 1999년 리메이크한 영화 <리플리>에선 주인공이 리플리 증후군인 모습이 자주 나오는데 이때부터 본격적으로 리플리 증후군이란 말이 유행합니다.

리플리 증후군이 유사과학인 이유는 '자신이 거짓말을 한다는 걸 알고' 거짓말을 하면서 '그 거짓말을 사실이라고 믿는다'는 것 자체가 모순이기 때문입니다. 더구나 어떤 사람이 그렇다고 하더라도 다른 사람은 그 사람이 '자신의 거짓말을 진짜 사실이라고 믿는지' 아니면 '자신의 거짓말을 사실이라고 믿는 척 하는지'를 알 수 없습니다. 그러니 이런 병명은 성립할 수 없습니다.

물론 이와 비슷한 증상은 있습니다. 먼저 일상에서도 몇 번은 들어본 '허언증(pathological lying)'입니다. 우리가 흔히 '관종'이라고 표현하는 것이죠. 자신이 거짓말을 하는지를 알면서 다른 사람을 속이는 겁니다. SNS에 다른 사람이 찍은 해외 명소 사진을 올리면서 자기가 해외여행을 다니는 것처럼 속이거나, 다른 사람의 글이나 그림을 마치 자기 것처럼 올리는 경우죠.

정신의학적으로 '공상허언증(pseudologia fantastica)'이라는 것도 있습니다. 망상과 거짓말의 중간 정도 단계로 구분하는 심리적 장애인데, 타인의 시선을 지나치게 의식하거나 관심을 받고 싶어 하는 등의 이유로 거짓말을 합니다. 보통의 경우 이런 한두 번의 거짓말은 그 자체로 끝나지만 공상허언증의 경우 이 거짓말을 덮기 위해 또 다른 거짓을 보태는 일을 반복하다가 어느 것이 진실이고 거짓인지를 착각하게 됩니다. 그리고 이런 자신의 말에 당위성을 부여하고 거짓말의 강도를 높입니다. 누구나 아주 가끔 거짓말을 하게 마련이지만 이런 사람들은 아주 자주 그리고 일관되게 거짓말을 한다는 점에서 차이 있습니다. 공상허언증은 자신에게도 이익이 될 게 없습니다. 이런 거짓말은 밝혀지게 마련이죠. 그 결과도 파탄적입니다. 계속 거짓말을 하니 주변의 인간관계가 끊어지고 직장을 잃는 경우도 많습니다. 가족과도 멀어지게 되죠. 하지만 이런 공상허언증에 대해서도 정신의학자들은 그가 자신이 거짓말을 하는 사실을 안다고 생각하는 경우가 대부분입니다.

이와 다른 것으로는 '망상장애(delusional disorder)'가 있습니다. 망상은 일종의 허위로 쉽게 말해서 공상입니다. 그런데 그 공상을 사실로 믿어 그로 인해 생활에 큰 영향을 미치고 다른 이들에게 해를 끼치기도 하는 장애입니다. 가령 정부 기관에서 나를 지속적으로 감시하고 있다고 여겨 친구나 가족 중 누군가를 그 끄나풀이라 생각합니다. 또는 연예인이나 유명인사가 자신을 사랑하고 있다고 믿는 경우도 있습니다. 혹은 건물이 무너지거나 커다란 화재가 발생했을 때 그 일이 자신을 제거하기 위해 누군가 고의로 일으킨 것이라 여기기도 합니다. 하지만 이런 망상장애는 그 현상이 명확해서 앞서 살펴봤던 공상허언증과 분명히 구분이 되죠. 결국 스스로 거짓말을 하고선 그걸 믿는 장애라는 리플리 증후군과도 완전히 다릅니다.

애초에 정신의학적 장애로 인정되지도 않고, 또 외국어로 만들어졌지만 실제 외국에서는 쓰이지도 않는 콩글리쉬인 '리플리 증후군'이 우리나라에선 버젓이 정식 병명처럼 쓰는 것 자체가 어찌 보면 '사회적 리플리 증후군'일지도 모르겠습니다.

심리 테스트의 비밀, 바넘효과

SNS에 돌아다니는 심리 테스트들이 있죠. 색깔이 다른 문 세 개를 보여주고 어떤 방으로 들어가겠냐는 것으로 성격을 구분하는 것도 있고, 손깍지를 어떻게 끼는지를 보고 좌뇌형인지 우뇌형인지를 구분하는 것도 있습니다. 몇 단계를 거치는 것은 좀 더 신뢰가 가기도 합니다. 대부분 재미로 보는 것이지만 의외로 잘 맞춘다고 생각해서 결과를 SNS에 공유하며 "어머, 소름 돋아"라는 감상을 덧붙이기도 합니다.

실제 이런 심리 테스트를 해보면 아주 간단한 건데 내 성격을 꼭 집어 맞추는 게 신기하죠. 실제로 가본 적이 있는 경우는 드물지만 점집에 가서 점을 봐도 아주 기가 막히게 맞춥니다. 타로를 봐도, 점성술을 해도 다들 어쩜 그렇게 내 사정을 잘 아는지 모릅니다. 왜 그럴까요? 모두 그런 것은 아니지만 '바넘 효과(Barnum effect)'라는 것이 큰 역할을 하곤 합니다. MBTI, 혈액형 성격설, 이과 뇌-문과 뇌 등 성격과 관련된 다양한 유사과학에 우리가 속는 이유 중 하나입니다.

바넘 효과는 버트넘 포러(Bertram R. Forer)라는 미국의 심리학자가 1948년 일련의 실험을 통해 발견한 것으로 '포러 효과'라고도 부릅니다. 그는 심리학과 학생 39명에게 심리테스트를 실시합니다. 그리고 개별적 결과를 모두에게 배포하고 다른 학생들과 공유하지 말라고 당부하고, 결과가 자신의 성격과 얼마나 일치하는지를 각 항목마다 평가해 달라고 했죠. 그 결과는 5점 만점에 4.3점이었습니다. 굉장히 높은 일치도였죠.

그런데 사실 포러는 모든 학생에게 같은 결과지를 주었던 것입니다. 가령 1번 항목은 모두 "당신은 타인이 당신을 좋아하길 원하며 타인에게 존경받고 싶어합니다." 2번 항목은 "당신은 스스로게 비판적인 경향이 있습니다." 3번 항목은 "당신에게는 아직 장점으로 드러나지 않은 잠재력이 있습니다." 4번 항목은 "당신은 성격적인 약점이 약간 있지만 보통 이런 결점을 잘 극복하고 있습니다."

모두 같은 결과를 받았는데 39명이 모두 높은 적중률을 보였다는 건 무엇을 의미할까요? 우린 사실 모두 다른 성격을 가진 것 같지만 사실은 성격이 모두 비슷한 것일까요? 아니면 다른 이유가 있을까요? 심리학자들에 따르면 실제는 모호한 설명이지만 자신에게 특별히 맞춰진 것이라고 생각하면 결과에 높은 정확도를 부여하는 경향이 있다는 겁니다.

가령 1번 항목인 "당신은 타인이 당신을 좋아하길 원하며 타인에게 존경받고 싶어합니다"를 생각해보죠. 아니, 세상에 다른 사람들이 나를 싫어하길 원하는 경우가 과연 얼마나 될까요? 대부분이 자기를 좋아해주길 원하죠. 거의 모두에게 해당하는 항목이지만 테스트 대상자들은 '정말 나는 그래'라며 정확하다고 평가한 거죠. 4번 항목도 그렇지요. "당신은 성격적인 약점이 약간 있지만 보통 이런 결점을 잘 극복하고 있습니다." 세상에 자기 성격에 약점이 없다고 생각하는 사람이 얼마나 되겠습니까? 어떤 사람은 내성적이라서, 또 다른 누군가는 외향적이라서 불만이겠지요. 하지만 대개 우리는 이런 약점을 어떻게든 극복하려고 노력하고 있지요. 이 또한 하나마나한 이야기지만 이항목을 받아든 이들은 '그렇지, 내가 그래'라고 고개를 끄덕이는 거지요.

물론 여기에는 몇 가지 중요한 요소가 있습니다. 첫째는 긍정적인 설명이어야 한다는 겁니다. 가령 "당신은 자신에 대해 비판적인 경향이 있습니다." 같은 경우 자신에게 엄격함을 유지하는 사람이라는 긍정적인 면을 보여주죠. 물론 어떤 측면에서 비판적인지를 말하지 않음으로써 모호함도 유지하지만요. "당신에게는 아직 장점으로 드러나지 않은 잠재력이 있습니다.”도 그런 긍정적인 면을 보여줍니다. 그리고 계속 지적한 것처럼 모호하게 표현합니다. 어떤 잠재력인지는 당사자 말고는 아무도 모르죠.

하지만 모든 답변이 긍정적이기만 해서는 의심을 살 수 있죠. 그래서 약간 부정적인 것도 있습니다. “당신의 희망 중 일부는 매우 비현실적인 경향이 있습니다.” 같은 결과가 대표적입니다. 하지만 긍정적인 요소도 가미됩니다. ‘희망 중 일부’만 그런 것이니 나머지는 현실적이란 거죠. 여기서도 비현실적인 것이 무엇인지는 말하지 않습니다. 모호함은 항상 중요하니까요. 마치 점을 치러 갔는데 “집에 우환이 있군”이라고 이야기하는 점쟁이와 비슷하죠. 무슨 우환인지는 말하지 않지요.

이렇게 낱낱이 뜯어놓고 분석하면 코에 걸면 코걸이, 귀에 걸면 귀걸이인 식으로 모호함으로 가득 차고, 긍정적인 요소가 부정적인 요소보다 많은 답을 여러 가지 테스트를 거쳐 내놓으면 테스트를 한 당사자 입장에서는 자연스럽게 ‘아, 어떻게 점쟁이처럼 나를 알지’라는 생각에 소름이 돋을 수밖에 없다는 것이 바넘 효과입니다.

그런데 바넘 효과라는 이름은 왜 붙였을까요? <위대한 쇼맨>에 영감을 준 피니어스 테일러 바넘(Phineas Taylor Barnum)이라는 미국의 서커스 단장은 ‘모든 사람을 만족하게 할 무언가(something for everyone)’를 보여주느 것을 그의

사업 철학으로 삼았다고 합니다. 정말 딱 바넘 효과와 맞는 말이지요? 이런 속임수에 속는 이들을 위해 누군가는 이렇게 조언합니다. "돈은 지갑에 넣으세요. 그리고 지갑은 주머니에 넣고요. 당신의 손을 지갑 위에 두고 심리 테스트란 사기가 빼가지 못하도록 지키세요."

토론 주제

모두에게 통하는 말이 내 이야기처럼 들리는 건 왜일까?

우리는 왜 자신을 설명해주는 단어를 그렇게 찾고 싶어할까?

점, 타로, 사주… 믿지 않는다고 말하면서도 왜 보게 될까?

'자기 자신을 아는 것'은 진짜 가능한 걸까?

심리학은 사람을 더 잘 이해하게 만들까, 더 쉽게 판단하게 만들까?

생각해보기

Q. 기후위기는 정말 '큰손'들이 만들어낸 사기일까?

Q. 친환경 발전 방식이 환경에 오히려 악영향을 미친다고?

Q. 백신에 마이크로칩을 넣어 사람을 조종할 수 있다는 말을 왜 믿는 걸까?

6 어이없는 음모론

보이지 않는 정부, 유대인, 빌 게이츠, 적 그리스도, 외계인까지. 인류를 지배하는 보이지 않는 존재는 그 종류도 많습니다. 이들에 대항하는 용기 있는 사람들이 이들의 비밀을 낱낱이 까발려 인터넷에 공개하고 있죠. 하지만 상식 있는 사람들은 이들을 음모론에 빠진 이들이라고 합니다.

'보이지 않는 손'이 이 세상을 지배하고 조종한다는 이야기는 소설과 영화, 웹툰의 단골 소재입니다. 인터넷을 떠도는 음모론의 유사과학을 밝혀봅니다.

"사람들이 믿는 건
진실이 아니라,
진실처럼 들리는
확신일지도 모른다."

기후 위기 음모론

2020년대 들어 전 세계에서 가장 심각한 문제를 꼽을 때 항상 빠지지 않는 것이 기후 위기입니다. 산업 혁명 이후 화석 연료 사용으로 인해 온실가스가 지속적으로 증가했고, 이 때문에 지구 표면 기온이 상승하고 있으며, 이로 인해 이전의 인류가 겪지 못한 아주 심각한 상황이 곧 닥칠 수 있기 때문에 한시 바삐 이를 극복하기 위해 인류 전체가 힘을 합쳐 노력해야 한다는 이야기죠. 그런데 2024년에 미국 시민 중 15%는 기후 위기가 거짓말이라고 생각한다는 조사 결과가 나와서 충격을 주었습니다. 여기에는 도널드 트럼프 미국 대통령 등이 주장한, 기후 위기가 일부에 의해 만들어진 거짓말이라는 '기후 위기 음모론'이 큰 역할을 했습니다.

기후 위기 음모론을 말하는 이들의 주장은 대략 네 가지로 나뉩니다. 먼저 기후 위기 자체가 거짓말이라는 사람들이 있습니다. 이들은 기후 위기 혹은 지구 온난화가 비밀

조직의 속임수라고 주장하기도 합니다. 기후 위기를 띄워 돈을 벌고, 세계 정치 무대에서 주도권을 쥐려 한다고 주장하죠. 그리고 기후 위기가 도래했다는 주장을 통해 시민들의 자유와 권리를 축소하려는 음모가 있다고도 합니다.

그러나 사실은 전혀 그렇지 않습니다. 우선 이런 주장을 하는 이들이 과학적 근거를 전혀 들지 못하고 있습니다. 그에 반해 기후 위기가 진짜라고 이야기하는 이들과 그 증거는 차고 넘치죠. 예를 들어 유엔 산하에 '기후변화에 관한 정부 간 협의체(IPCC)'라는 기구가 있습니다. 유엔의 전문기관인 세계기상기구(WMO)와 산하기관인 유엔환경계획(UNEP)에 의해 세워진 조직입니다. 우리나라에서도 정부 산하 기상청이 참여하고 있죠. 전 세계 195개국이 회원입니다.

각국의 기상전문가들이 모여 총괄주저자, 주저자, 검토편집자, 기여저자, 전문가 검토자로 참여하여 보고서를 작성합니다. 한 번 보고서를 작성할 때마다 80여 개 이상의 나라에서 몇천 명이 참여하고 수만 편의 논문을 평가해서 만듭니다. 이렇게 만들어진 보고서는 다시 전문가와 회원국들의 검토를 거치고 총회에서 최종 승인됩니다. 여기에서 기후 위기는 더 이상 논란이 없는 실제 상황이라고 몇 차례 이야기하고 있습니다. 지구 평균 기온은 산업 혁명 이후 약 1.1도 상승했다고 선언했습니다.

도대체 이렇게 거대한 단체를 누가 뒤에서 조종한다는 말입니까? 또한 세계 각국의 기상전문가와 기후학자들 97% 이상이 기후 위기가 현실이라고 선언하기도 했습니다. 기후 위기는 명백한 현실입니다.

둘째로 기후 위기는 맞지만 인간 때문이 아니라 다른 이유 때문이라는 이들도 있습니다. 온실 가스의 대표격인 이산화탄소 농도 증가가 지구 기온 상승의 주된 요인이라는 증거가 없다는 주장도 있고, 태양의 활동 주기나 대기 중의 에어로졸 등 다른 요인이 더 중요하다고 이야기하기도 합니다.

하지만 이 또한 명백한 거짓말입니다. 지구 대기의 이산화탄소 농도가 증가하는 정도와 지구 표면 온도가 올라가는 정도를 보여주는 그래프만 봐도 온실가스 농도가 지구 기온 상승에 미치는 영향이 절대적이라는 것을 알 수 있습니다. 물론 지구 표면 온도에 영향을 미치는 요소는 많습니다. 태양 활동, 우주 방사선, 지구 공전 궤도 변화, 에어로졸의 농도 등이 모두 영향을 줍니다. 하지만 지난 200년 동안 이런 요소들은 그 변화량이 많지 않았고, 그 변화가 지구 표면 온도에 미치는 영향도 크지 않음을 실제 관측 데이터를 통해 확인할 수 있었습니다.

셋째로 기후 위기가 인간 때문에 발생한 것은 맞지만 심각한 상황이 아니고 오히려 긍정적인 측면도 있다고 주장하는 사람들이 있습니다. 대표적인 사람이 러시아의 대통령 블라디미르 푸틴입니다. 기후 위기로 기온이 올라가면 러시아는 덜 추울 수 있다는 거죠. 모피 코트에 돈을 덜 쓸 수 있고 곡물 수확량도 늘어난다는 겁니다. 또 이산화탄소 농도가 증가하면 식물의 광합성이 활발해져 농업에는 도움이 된다고 주장하는 유튜버도 있습니다.

부분적으로는 맞는 말입니다. 세상 어떤 일인들 좋은 측면이 아예 없기야 하겠습니까? 하지만 문제는 기후 위기로 얻게 될 그 어떤 이득도 그로 인한 막대한 피해와 비교하면 아주 보잘것없다는 점입니다. IPCC는 1.5도 상승할 경우 입는 경제적 피해가 54조 달러, 우리 돈으로 7억조 원에 이를 것이라고 예상합니다. 만약 2도 상승한다면 69조 달러, 우리 돈으로 9억조 원이 된다고 합니다. 이미 매년 일어나는 전 세계적인 들불과 산불, 해수면 상승, 이상 기후 등으로 기후 위기의 심각함이 실제로 드러나는 상황에서 이런 주장을 하는 사람의 뇌구조가 궁금할 정도입니다.

마지막으로 요사이 새롭게 등장한, 기후 위기에 대한 대응이 효과가 없다는 주장이 있습니다. 앞서 이야기했던 내용들이 잘 먹히지 않자 새로운 논리를 펴는 것이죠. 이들은 전기 자동차가 배터리 생산 과정을 고려하면 휘발유 자동차에 비해 온실가스 발생량에서 별 차이가 없다거나, 재생에너지 발전인 태양광 발전이나 풍력 발전도 결코 친환경

적이지 않다고 주장합니다.

하지만 이런 주장은 과학적 근거가 부실하거나 전체 사실의 일부만 부각하고 있을 뿐입니다. 가령 전기 자동차를 만들 때 발생하는 온실가스가 기존의 자동차보다 많은 건 사실입니다. 그러나 여기까지입니다. 지금처럼 화력발전소에서 만든 전기를 쓰더라도 전기 자동차를 3~4년 이상 타면 기존 자동차보다 온실가스 발생량이 줄어듭니다. 태양광 발전이나 풍력 발전을 이용한 전기를 사용하면 단 2년만 지나도 온실가스 발생량이 더 적습니다.

또 하나, 태양광 발전이나 풍력 발전도 완전한 친환경은 아니라는 주장도 극히 일부만 맞습니다. 이들은 기존의 발전 방식이 환경에 부정적인 영향을 미치는 정도가 얼마나 되는지는 말하지 않습니다. 비교도 하지 않죠. 가령 화력발전소가 환경에 미치는 악영향이 100이라고 한다면 태양광이나 풍력은 얼마나 될까요? 이들의 주장이 설득력이 있으려면 70~80, 아무리 적어도 50 정도는 되어야 비교가 되겠지요. 하지만 실제 재생에너지 발전에 환경에 미치는 악영향은 최대한, 정말 최대한 많이 잡아도 10~20을 넘지 않습니다. 그리고 온실가스 발생량은 화력발전소를 100이라고 하면 10도 되질 않습니다. 1~2 정도라고나 할까요? 마치 똥이 잔뜩 묻은 채 "야, 너도 얼굴에 밥풀 하나 묻었잖아"라며 소리치는 모습이죠.

백신 음모론

2019년에 시작된 코로나19 기간 동안 우리는 모두 힘들었습니다. 그 코로나19가 끝난 것은 대다수가 코로나 백신을 맞고 난 다음이었습니다. 백신의 위력을 확실히 느낄 수 있었던 대표적인 사례죠. 그런데 당시 코로나 백신을 둘러싼 다양한 유사과학이 판쳤던 걸 기억하시나요? 비단 코로나19뿐만 아니라 백신에 대해 불신을 조장하는 다양한 음모론이 아직도 인터넷에서 활발하게 펼쳐지고 있습니다. 조금만 들여다봐도 말이 되질 않는 이 음모론들을 한 번 살펴보죠.

먼저 너무 황당해서 반박할 의지마저도 생기지 않는 것들이 있습니다. 빌 게이츠가 인류를 조종하기 위해 코로나 백신을 만들었다는 이야기가 대표적입니다. 백신을 맞으면 자유의지를 뺏기고 좀비처럼 시키는 대로 움직인다는 거죠. 백신 속에 칩이 숨어 있어 이를 통해 뇌를 조종한다고요. 정말로 그런 생각을 진지하게 하는 사람이 있을까 싶지만 우리나라의 한 유명한 선교회 대표도 "이 백신을 맞으면 세계가 뭐가 돼? 그들의 노예가 된다."라고 말했죠. 또 다르게는 백신이 인간 유전자를 변이시켜 인간을 해칠 것이라는 주장도 있었습니다. 그렇게 쉽게 유전자를 변이시키는 약물이 있다면 아마 노벨상을 열 번은 받고도 남았을 겁니다.

하지만 이런 황당한 백신 음모론은 당시 백신 접종률을 높이는 데 큰 장애가 되지 않았습니다. 다만 반박하기 위해 아까운 에너지와 시간을 들여야 했을 뿐이죠. 그러나 백신에 대한 불신과 불안을 키우는 다양한 음모론 혹은 유사과학이 아직도 여전히 여러 곳에서 퍼지고 있고 실제로 영향을 미치고 있습니다.

대표적인 것이 백신의 부작용으로 자폐가 될 수 있다는 주장입니다. 홍역 백신을 맞아 자폐에 걸렸다는 건 1998년 영국의 위장병학자 앤드류 웨이크필드(Andrew Wakefield) 박사가 발표한 논문에서 나온 이야기입니다. 그 논문은 나중에 연구 절차와 방법에 문제가 있어 게재된 학술지에서 철회되었습니다만 사회적으로 큰 논란을 불러왔습니다. 그래서 다양한 과학자들이 백신을 맞아서 자폐에 걸린 적이 있는지 각자 독립적으로 조사를 했습니다. 하지만 어떠한 연구에서도 백신 때문에 자폐가 된 경우는 확인하지 못했습니다. 심지어 니콜라 클라인(Nicola P. Klein) 박사팀은 2000년부터 2012년까지 홍역 백신을 맞은 아이들을 대상으로 12년간 계속 관찰했지만 단 한 명도 그런 경우는 없었습니다. 또 호주에서도 125만 명을 대상으로 조사를 했지만 단 한 명도 발견하지 못했습니다. 하지만 홍역 백신에 맞으면 자폐가 걸린다는 괴담은 아직도 인터넷에서 아이 가진 부모에게 위협을 주고 있습니다.

또 백신에 큰 효능이 없다는 주장도 있습니다. 백신을 맞지 않아도 감염병에 걸리지 않는데 제약회사가 괜한 호들갑을 떤다는 거죠. 하지만 이는 집단 면역에 대한 무지하거나 고의적인 외면에 의한 주장입니다. 백신은 감염병을 예방하기 위한 겁니다. 그리고 대부분의 감염병은 주변의 다른 사람에 의해 옮습니다. 다른 사람들이 모두 백신을 맞으면 당연히 그들은 모두 병에 걸리지 않겠죠. 그럼 내 주변의 사람들이 모두 백신을 맞아 병에 걸리지 않으니 자연스레 나에게 병을 옮길 사람도 없는 거죠. 이를 집단 면역이라 합니다. 우리나라 코로나 백신 접종률이 90%를 넘기면서 이런 집단 면역이 발생했고, 그래서 이전에 비해 코로나19에 걸리는 사람이 줄어든 것이죠.

실제로 이런 집단 면역이 무너지면서 해당 감염병이 다시 유행하는 경우가 있습니다. 앞서 이야기한 홍역 백신이 자폐의 원인이라는 이야기가 뉴스를 타면서 아일랜드에서는 홍역이 다시 유행합니다. 1998년에 단 56건에 불과하던 홍역이 2008년에는 1,348건으로 25배 이상 증가했고 그중 일부는 사망했습니다. 미국에서도 특정 종교가 백신을 거부하면서 해당 종교를 가진 사람들이 집단적으로 사는 곳에서는 홍역이 유행하고요.

이번 코로나19의 경우에도 백신을 맞을 수 없는 사람들이 있었습니다. 백신을 처음 맞은 건 어른들이었죠. 혹시나 부작용이 생길지도 몰라서였습니다. 그리고 다음으로 청소년들이 맞았습니다. 지금은 6개월 이상의 아기들도 맞을 수 있도록 백신 종류가 다양해져서 다행이지만 당시는 유아들은 백신을 맞지 못했죠. 또, 기관지나 폐에 만성 질환을 가진 사람들도 백신을 맞을 수 없습니다. 임산부도 백신을 맞을 수 없죠.

어떤 백신이든 마찬가지입니다. 백신을 맞을 수 없는 사정이 있는 사람들이 있죠. 백신을 맞을 수 있는 사람들이 백신을 맞지 않으면 집단 면역이 제대로 기능하지 못하고 백신을 맞을 수 없는 사람들이 피해를 볼 수 있습니다. 이들을 위해서도 백신 접종으로 집단 면역을 만드는 데 힘을 보태는 것이 어찌 보면 사회적 연대의 한 부분이기도 합니다. 그래서 집단 면역에 기대어 혹은 집단 면역 효과를 모른 채 백신을 맞지 말라고 주장하는 것은 단순히 무지를 넘어 사회적 해악입니다.

수두는 바이러스에 의해 발생하는 감염병인데, 몸 전체가 가렵고 피부에 물집이 생기고 상처가 난 자리에 흉터가

남을 수도 있습니다. 사망률은 낮아 죽거나 아주 큰 후유증은 없지만 상당히 고통스러운 감염병이죠. 요사이는 생후 1년 정도에 예방접종을 하기 때문에 대부분 수두를 앓지 않습니다.

그런데 이렇게 백신을 불신하는 이들이 벌이는 황당한 일 중 하나가 '수두 파티'입니다. 수두 백신을 맞는 대신 수두에 걸린 아이를 집에 불러서 자기 아이가 자연스럽게 수두에 걸리게 하는 걸 말합니다. 백신의 원리가 바로 이 수두 파티와 같은 것이죠. 차이라면 백신은 수두에 실제로 걸렸을 때의 위험과 고통은 없애고 앞으로 수두에 걸리지 않게끔 하는 것이고, 수두 파티는 수두에 걸려 개고생을 하게 만든다는 겁니다.

그리고 고통은 수두에서 그치지 않습니다. 수두에 한 번 걸렸던 사람은 나이가 더 든 뒤 대상포진에 걸릴 확률이 더 높습니다. 동일한 바이러스에 의해 발생하기 때문이죠. 어릴 때 수두에 걸린 사람은 신경세포 안에 바이러스가 잠복해 있는 경우가 많기 때문에 나이 들어 면역력이 약해졌을 때 몸속 바이러스에 의해 대상포진에 걸릴 확률이 높아집니다. 반면 수두 예방접종은 수두 바이러스를 직접 주입하는 것이 아니니 나이 들어 대상포진에 걸릴 확률이 낮은 것이죠. 이런 행위는 아동학대에 가까운 일이라 하지 않을 수 없습니다.

초고대 문명설

　다큐멘터리를 좋아합니다. 다큐멘터리 채널을 찾아보기도 하고, 유튜브에서 검색을 통해 보기도 하죠. 그런데 이런 다큐멘터리 중에 초고대 문명을 다룬 것들이 꽤 있습니다. 물론 『신의 지문』 등의 책도 있죠. 요새는 유튜버 등이 이런 초고대 문명을 다룬 다큐멘터리를 짜깁기해서 올리기도 하더군요.

　초고대 문명설을 한마디로 말하자면, 아주 오래 전에 대단한 문명을 가진 고대인이 있었다는 거지요. 그 근거로 주로 이야기되는 것이 피라미드라든가 나스카 지상화 등입니다. 혹은 영국의 스톤헨지, 고대 그리스나 메소포타미아 문명의 기술을 예로 들기도 합니다. 지금으로부터 수천 년 전의 사람들이 이런 일을 이루어 냈다는 것은 도저히 믿을 수 없는 일이고, 우리가 모르는 아주 발전한 문명이 있었거나 외계인의 작품이라는 것이죠.

　피라미드는 대표적인 예입니다. 가장 유명한 것은 이집

트의 피라미드지만 비슷한 모양을 한 고대 건축물은 세계 곳곳에 있습니다. 아메리카 대륙의 선주민들이 지은 멕시코의 달의 피라미드와 태양의 피라미드, 그리고 마야 문명의 치첸 이트사, 아즈텍의 계단식 돌 피라미드, 중국 고대 황제의 무덤과 고구려의 장군총, 메소포타미아의 지구라트 등이 다들 비슷한 모습을 가지고 있는데, 이는 만든 사람들끼리 정보 교환을 했거나 아니면 동일 집단이 만든 거라는 거죠.

하지만 사실 당시 건축 기술로 거대한 건물을 만들려면 피라미드 형태가 최선이었습니다. 지금은 철근 콘크리트로 쭉쭉 뻗은 날씬한 건물을 만들 수 있었지만 돌이나 흙, 벽돌밖에 재료가 없던 당시는 건물의 벽이 두껍고 또 무거웠습니다. 이런 하중을 견디려면 하층은 상층보다 더 두터워야 하죠. 더구나 높이 쌓을수록 이런 무게를 견디기가 힘들어집니다. 그 결과 상층의 무게를 견딜 수 있는 조건에서 가능한 높게 짓기 위한 경사를 피라미드가 보여주는 겁니다. 다른 지역도 마찬가지였죠. 아래가 넓고 위가 뾰족한 피라미드 양식이 최선이었던 겁니다. 지금도 피라미드 양식으로 지으면 가장 안전한 건물이 됩니다.

우리가 흔히 접하는 대표적인 이집트 피라미드가 기자의 피라미드입니다. 이 피라미드가 세워진 것은 기원전 2467년입니다. 그런데 이집트 사람들이 피라미드를 만들기 시작했던 건 그보다 한참 전입니다. 초기는 피라미드 건축 기술이 발달하지 않은 관계로 피라미드의 규모도 더 작고 경사도 더 완만했지요.

어떤 피라미드는 더 높은 경사각으로 지으려다 실패하기도 합니다. 메이돔 피라미드가 외벽이 붕괴한 채로 내버려둔 예입니다. 그래서 하층부는 경사가 완만하고 상층부는 경사가 가파른 형태도 중간에 나옵니다. 스네프루의 굴절 피라미드가 대표적인 예입니다. 이런 우여곡절을 겪으면서 최종적으로 기자의 피라미드 형태로 발전한 것이지요. 이집트인들의 수천 년에 걸친 실패와 그에 굴하지 않은 노력과 개선에 박수를 치는 것이 마땅한데, 오히려 미개한 이집트인들이 저런 걸 만들었을 리가 없다고 초고대문명설을 제기하는 건 당시 이집트인에 대한 예의가 아니죠.

또 하나, 이집트의 피라미드에 견줄 만한 대형 건축물은 전 세계에 꽤 많이 있습니다. 대표적인 것이 중국의 만리장성이죠. 비행기로도 5시간이 넘는 거리를 이동해야 끝에서 끝까지 갈 수 있는 인류 최대의 성곽 구조물입니다. 난이도로만 따진다면 피라미드의 몇 배가 되죠. 하지만 만리장성에 대해선 아무도 초고대문명 운운하지 않습니다. 왜냐하면 문헌 기록이 모두 남아 있기 때문이죠. 누가, 언제, 어떻게 만들었는지가 분명합니다. 그래서 초고대문명론은 주로 기록이 부실한 건축물에서 피어납니다.

초고대문명론이 좋아하는 다른 소재가 바로 나스카 지상화입니다. 페루의 나스카 일대의 땅에 존재하는 거대한 그림들로 거미, 고래, 원숭이, 벌새 등의 그림과 직선이나 삼각형, 소용돌이 같은 기하학 무늬들이 200개 가까이 그려져 있습니다. 최대 300m에 이르는 매우 거대한 그림으로 완전한 모습을 보는 것은 하늘에서만 가능합니다. 그래서 19세기까진 존재 자체를 몰랐다가 20세기가 되어 비행기가 다니면서 처음 발견되었습니다.

왜 이런 그림을 그렸는지는 현재도 정확하지 않습니다. 그래서 초고대문명론의 좋은 먹잇감이 되었지요. 주변에는 이 그림을 볼 수 있는 높은 산도 없는데 하늘에서만 볼 수 있는 그림을 그린 것은 하늘에서 볼 수 있는 누군가 당시 있었다는 거죠. 그래서 외계인의 착륙을 위한 신호라는 주장도 나오고, 당시 사람들이 열기구를 타고 하늘로 올라갈 능력을 가지고 있었다든가 심지어 우주선을 타기도 했다는 주장이 나옵니다.

하지만, 제작 이유를 모른다고 다짜고짜 외계인을 불러들이고 초고대문명을 이야기하는 것은 좀 웃긴 일이지요. 실제 이 지상화의 제작 난이도는 초고대 문명이 아닌 일반적인 당시 문명 수준에서도 평이한 정도입니다. 도면을 그리고 축적을 이해하는 정도면 가능합니다. 나무판 등에 원본 그림을 그리고 그걸 확대해서 지상에 그리면 되는 것이지, 특별한 기술이 필요하지는 않습니다.

　더구나 이런 지상화는 나스카인만 그린 것이 아니었습니다. 나스카 근처의 팔파 지역에서도 지상화가 발견됩니다. 또 카자흐스탄에서도 8천 년 전에 그린 지상화가 발견되었죠. 거기다 영국에서도 청동기 시절과 1세기 경에 < 어핑턴의 백마 >나 < 케른아바스의 거인 > 같은 지상화가 제작되기도 했습니다. 브라질에도 아크레의 지상화가 있고 인도에도, 러시아에도 지상화들이 존재합니다. 쉽게 말해서 우리 옛 조상들은 무슨 이유였는지는 몰라도 땅에 그림 그리기를 꽤나 좋아했던 거죠. 사실 무언가 기념하기 위해 또 기억하기 위해 건물을 짓는 것보다는 훨씬 힘이 덜 드는 일이죠.

음모론을 믿는 사람들은 왜 그렇게 확신에 차 있을까?

검색을 하면 할수록 진실에 가까워지는 걸까, 멀어지는 걸까?

음모론이 위험한 이유는 사람을 속이기 때문일까, 갈라놓기 때문일까?

과학을 의심하는 태도와 음모론을 믿는 태도는 어떻게 다를까?

지식이 많다고 해서 음모론에 속지 않는 건 아닐 수도 있다?

생각해보기

Q. 콜라겐을 먹으면 피부가 탱탱해질까?

Q. 건강기능식품, 꼭 먹어야 할까?

Q. 광고에 나오는 말은 정말 과학적인 걸까?

꼭 먹어야 하나요?

강연을 나가면 꼭 하는 이야기가 있습니다. **건강이 나빠지는 이유가 100 가지라면 그중 99가지는 결핍이 아니라 과잉 때문**이라는 겁니다. 탄수화물을 너무 많이 먹고, 지방을 너무 많이 먹고, 소금을 너무 많이 먹습니다. 그런데 거기에 건강식품까지 또 먹으면 건강이 좋아질까요?

건강을 유지하는 아주 간단한 방법이 있습니다. 골고루 적게 먹고, 많이 움직이는 겁니다. 그리고 건강식품을 끊으세요. 그 돈으로 차라리 기부를 해서 행복감을 얻는 것이 건강에 더 큰 도움이 됩니다.

"몸에 좋다는 말은 넘치고,
진짜 필요한 건
생각보다 적다."

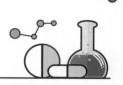

콜라겐

몇 년 전 『과학이라는 헛소리』란 책에서도 콜라겐에 대해 한 번 이야기했습니다. 저뿐만 아니라 많은 사람들이 콜라겐은 먹을 필요도 바를 필요도 없다고 책을 통해, 유튜브를 통해 숱하게 이야기했습니다. 그런데 아직도 콜라겐을 먹고 바르라는 광고는 넘쳐납니다. 그리고 누군가는 자신을 위해 혹은 가족과 친구를 위해 삽니다. 다시 한번 콜라겐에 대해 알아보지요.

우선 콜라겐이 우리 몸에 꼭 필요한, 그것도 아주 많이 필요한 단백질인 것은 사실입니다. 살갗 아래 진피층에 가장 많은 성분이 콜라겐이죠. 콜라겐이 빠지면 탄력이 줄어듭니다. 뼈에도 콜라겐은 중요합니다. 칼슘은 뼈를 튼튼하게 하고, 콜라겐은 뼈에 탄력을 주지요. 덕분에 쉽게 부러지지 않습니다. 뇌를 감싸는 뇌막, 가슴과 배를 구분하는 가로막에도 콜라겐은 주성분입니다. 그뿐 아니라 우리 몸의 모든 세포는 세포골격이 있는데, 여기에도 콜라겐이 쓰입니다. 그래서 우리 몸을 구성하는 단백질 중 콜라겐의 비율이 가장 높습니다.

어떻게 봐도 콜라겐은 상당히 중요하지요. 하지만 그렇다고 해서 우리가 콜라겐을 먹을 필요는 거의 없습니다. 그 이유는 두 가지입니다. 첫째, 콜라겐은 우리 몸이 알아서 만듭니다. 두 번째, 콜라겐은 흡수가 되지 않습니다.

우선 수시로 많이 필요하기 때문에 우리 몸은 콜라겐을 합성할 수 있습니다. 단백질의 재료는 아미노산이죠. 콜라겐도 마찬가지입니다. 아미노산도 여러 종류가 있는데 콜라겐을 만드는 데 필요한 아미노산은 아주 흔합니다. 콩이 주성분인 두유, 두부, 간장, 된장, 소고기, 돼지고기, 닭고기, 멸치, 고등어, 참치, 달걀, 우유, 치즈 등 뭘 먹어도 콜라겐에 필요한 아미노산은 충분히 얻을 수 있습니다.

오히려 가끔 부족해지는 건 비타민 C입니다. 아미노산으로 단백질을 합성할 때 꼭 필요한 촉매 작용을 하기 때문이죠. 그래서 비타민 C가 부족하면 잇몸에서 콜라겐을 잘 합성하지 못해 피가 납니다. 괴혈병이죠. 콜라겐이 부족하면 콜라겐을 먹을 것이 아니라 비타민 C를 먹어야 합니다.

그래도 혹시 아미노산이 부족해서 콜라겐을 따로 섭취해야 하지 않을까 하는 걱정을 할 수 있습니다. 하지만 아미노산이 부족해서 콜라겐을 합성할 수 없을 정도면 아주 심각한 상태입니다. 콜라겐만이 아니라 다른 단백질도 같이 부족해지니까요. 가령 여러분이 한 달 정도 다른 것은 하나도 곁들이지 않고 컵라면만 먹는다면 이런 아미노산 부족 현상이 나타날 수 있습니다. 그런 경우 콜라겐을 먹을 것이 아니라 우선 병원에 가서 의사의 진찰을 받고, 당장 식단을 바꿔야 합니다. 콜라겐이 문제가 아니죠. 콜라겐은 우리 몸에서 가장 부족하기 어려운 단백질이기도 합니다. 콜라겐이 부족할 정도면 이미 몸에 상당히 다양한 이상 증세가 나타나고 있을 겁니다.

두 번째로 콜라겐은 우리 몸에서 절대 흡수되지 않습니다. 콜라겐뿐만 아니라 어떤 단백질도 그 자체로 흡수되지 않습니다. 위와 소장에서 몽땅 아미노산으로 분해된 뒤에야 흡수됩니다. 미처 흡수되지 못한 단백질이 있다면 모두 대변으로 나옵니다. 그러니 콜라겐을 먹어봤자 아무 소용이 없습니다. 앞서 콜라겐을 만드는 아미노산은 아주 흔하다고 했습니다. 그리고 우리 몸은 콜라겐에 필요한 아미노산도 만들 수 있습니다. 문제는 우리 몸에서 만들지 못하는 아미노산이 있죠. 이를 필수 아미노산이라 하는데 정작 우리 몸에 필요한 것은 이런 필수 아미노산입니다. 필수 아미노산은 콜라겐이 아니라 각종 육류나 콩류, 생선 등을 통해서 섭취할 수 있습니다.

그럼 콜라겐을 바르는 것은 어떨까요? 이 또한 아무 소용도 없습니다. 콜라겐은 앞서 이야기한 것처럼 아미노산이 아주 많이 모여 만들어진 단백질인데 우리 피부는 어떤 단백질도 뚫고 들어올 수 없습니다. 만약 콜라겐이 들어올 정도라면 각종 바이러스도 아주 쉽게 들어올 수 있겠죠. 진화를 통해 인간을 비롯한 동물의 살갗은 이런 크기의 물질들이 통과할 수 없도록 만들어졌습니다. 그래서 화상 등에 의해 살갗 아래 진피층에 콜라겐을 주입할 필요가 있을 때 의사들은 주사로 콜라겐을 넣습니다. 발라서는 아무 소용도 없으니까요.

물론 나이 들면 콜라겐 생산 능력이 떨어지는 것이 사실입니다. 그래서 피부 탄력이 떨어지고 뼈도 잘 부러지지요. 하지만 이는 콜라겐을 먹어서 해결할 순 없습니다. 운동 등 다양한 활동으로 노화를 늦추는 것이 최선이지요. 그리고 저도 이제 꽤 나이가 있습니다만 노화는 자연스러운 현상입니다. 50대, 60대가 되어서도 20대와 같은 탄력을 가질 순 없습니다. 간혹 그런 이들이 '절대 동안' 등으로 화제가 되곤 하지요. 사람에 따라 선천적으로 타고나기도 하고, 성형 시술을 통해 인위적으로 조절하기도 한 결과입니다. 하지만 콜라겐을 먹어서는 절대 불가능합니다.

요사이 저분자 콜라겐, 피쉬 콜라겐, 콜라겐 펩타이드 등 다양한 제품이 나옵니다. 한결같이 흡수가 쉽다고 이야기하죠. 맞습니다. 저런 콜라겐은 예전에 나오던 콜라겐보다 흡수가 쉽습니다. 단, 콜라겐으로 흡수되는 것이 아니라 예

전 제품과 똑같이 아미노산으로 분해된 다음에 흡수되는
건 똑같습니다. 아미노산으로 분해되기 쉽다는 이야기일
뿐이지요. 그럼 콜라겐을 먹고 바르는 것은 누구에게 도움
이 될까요? 콜라겐을 사는 사람에겐 하등 도움이 되지 않
고 그걸 만들고 파는 이들에게만 이롭습니다.

효소식품

모든 생물은 정상적인 삶을 위해 쉬지 않고 물질대사를 합니다. 인간도 마찬가지입니다. 소화하고, 호흡하고, 단백질을 합성하고, DNA를 복제하고, 신경과 호르몬으로 정보를 전달하는 우리 생명의 모든 분야는 물질대사로 가득 차 있습니다. 그리고 이 물질대사에 꼭 필요한 물질이 효소입니다. 단백질을 분해하려면 펩신[1], 트립신[2], 펩티다아제[3]가 필요하고 DNA를 복제하려면 DNA 중합효소가 필요하며, ATP를 생산하려면 ATP 생성효소가 필요합니다.

인체가 다양한 기관으로 구성되어 있고 하는 일이 많은 만큼 필요한 효소의 종류도 아주 많습니다. 지금까지 밝혀진 것만 해도 몇천 가지가 됩니다. 그리고 이런 효소 중 특

1 위에서 분비되는 소화 효소로, 단백질을 작은 조각(펩타이드)으로 분해하기 시작합니다. 강한 산성 환경에서 작용합니다.
2 췌장에서 만들어져 소장에서 작용하는 효소로, 펩신이 분해한 펩타이드를 더 작게 쪼갭니다.
3 트립신 이후 단계에서 작용하며, 작은 펩타이드를 아미노산 단위로 최종 분해하는 효소입니다.

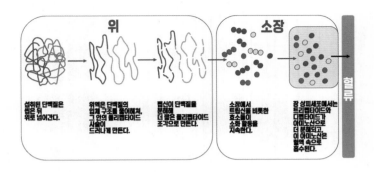

정 성분이 너무 많거나 적으면 몸에 이상이 생깁니다. 그래서일까요? 몸에 좋다는 각종 효소 식품이 많이 소비되고 있습니다.

우선 효소는 대부분 단백질이 주성분입니다. 그리고 우리 몸이 자체적으로 합성하고 있습니다. 우리 몸이 합성하지 못하는 효소를 우리는 '비타민'이라고 합니다. 비타민 C의 경우 인간을 비롯한 영장류는 몸에서 합성을 하지 못하기 때문에 다른 음식으로 섭취를 하는 거죠. 따라서 효소라고 이름이 붙은 것은 건강한 사람이라면 체내에서 충분히 만들고 있으니 따로 공급받을 필요가 없습니다. 그런데 이렇게 이야기하면 꼭 '그래도 더 많으면 좋지 않냐'고 하는 이들이 있습니다. 그렇지 않습니다. 특정 효소가 많으면 관련된 물질대사가 너무 활발해져서 좋지 않습니다. 과다증과 부족증이 다 문제가 되지요. 딱 필요한 만큼만 있으면 됩니다.

그래도 혹시 부족할지 모르니 효소식품을 '먹는 것이 먹지 않는 것보다 낫지 않을까?'하는 생각을 할 수 있습니다. 하지만 어떤 효소가 부족한지도 모르면서 먹을 순 없지 않겠어요? 우리 몸에 필요한 효소는 수천 가지인데 그중 내 몸에 부족한 것이 무엇인지 알아야 그걸 먹지요. 하지만 시중에서 파는 효소식품 중 어떤 효소가 부족할 때 어떤 현상이 일어나니 그걸 보충하려면 이걸 먹으라는 식으로 이야기하는 건 본 적이 없습니다.

그리고 결정적으로 콜라겐과 마찬가지로 효소도 아무리 많이 먹어도 우리 몸에서 흡수가 되질 않습니다. 단백질이거든요. 결국 낱낱이 아미노산으로 분해가 되어야 흡수가 되니 효소가 가진 역할은 전혀 수행할 수가 없습니다. 물론 효소를 만드는 데 필요한 아미노산을 흡수한다는 긍정적인 측면이 없는 건 아닙니다. 하지만 어떤 효소가 부족한지를 알아야 하니 그 또한 아무 의미가 없습니다. 실제 알약 형태로 판매하는 많은 효소식품은 여러 가지 효소를 혼합하여 알약 형태로 만든 것인데, 성분을 보면 대부분 소화효소들입니다. 소화 효소니 소화에는 도움을 줄 수 있겠습니다만 딱 거기까지입니다.

이렇게 말씀을 드리면 효소 자체가 의미가 있는 것이 아니라 효소가 물질대사를 통해 음식물이 가진 유효 성분을 잘 분해하기 때문에 더 좋은 영양을 섭취할 수 있다고 반론을 펼치는 분들도 있습니다. 차라리 발효식품이라면 말이 달라집니다. 김치, 치즈, 청국장 가루, 메주 가루, 요구르트와 같은 경우 미생물이 생산한 효소로 재료 자체의 성질을 변화시켜 독특한 맛과 향을 갖게 하죠. 그러나 효소식품은 전혀 그와는 관련이 없습니다.

더구나 효소식품을 먹으면 체내에 쌓여 있는 독소나 노폐물을 효소가 분해해서 배출한다는 주장은 그야말로 '거짓말'이죠. 또 우리 몸의 효소들이 살기 좋은 체내 환경을 꾸미기 위해 효소식품이 필요하다는 것도 '거짓말'에 가깝습니다. 앞서 해독주스 편에서도 말씀드렸던 것처럼 우리 몸의 독소를 배출하거나 분해하는 식품은 없습니다.

집에서 만들어 먹는 효소식품을 소개하는 책이나 블로그 동영상도 꽤 많습니다. 보면 대부분 과일이나 채소에 설탕을 넣고 10일 정도 '맨손'으로 저어주면 된다고 합니다. 아주 쉽죠. 그런데 혹시 과일청 레시피를 보신 적 있나요? 레몬청이나 매실청 같은 것들요. 차이가 전혀 없습니다. 맨손으로 젓는 것 정도가 차이일까요? 결국 과일효소와 과일청은 성분이 거의 같습니다. 물론 저도 집에서 매실청을 만들어 가끔 차로 마시긴 합니다만, 거기서 특별한 효과를 기대하진 않습니다. 약간 신듯하며 단맛이 도는 것이 따뜻한 차로 마시기에 좋을 뿐이지요. 문제는 이 과일청 혹은 효소식품을 맹신해서 많이 먹으면 안 된다는 점입니다. 설탕이

듬뿍 들어갔기 때문에 칼로리가 아주 높습니다. 같은 양의 콜라와 비슷합니다. 특히 당뇨 증상이 있는 분들에겐 피해야 할 음식이죠.

효소식품이 칼로리 섭취가 많은 것 말고 특별히 나쁠 것은 없습니다. 하지만 만성질환을 가진 이들의 건강을 호전시켜 준다든가 내 몸에 필요한 특별한 영양분을 제공해 준다는 기대는 가지지 말아야겠지요.

지방을 녹인다는 식품들

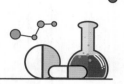

　요사이 '크릴 오일'이 다이어트 보조식품으로 인기를 끌고 있습니다. 남극해 부근에 주로 서식하는 크릴이란 생물에서 추출한 일종의 기름인데, 다른 오메가-3 지방산과 달리 인지질[1]이란 형태로 되어 있어 혈관 속 기름때를 더욱 잘 녹일 수 있도록 돕는다는 거지요. 부작용도 있다는군요. 일단 크릴이 갑각류니 갑각류 알레르기를 일으킬 수 있지요. 그리고 지방산 자체가 혈당을 높일 수 있으니 당뇨 환자도 조심해야 합니다. 또한 혈액 응고를 방해할 수 있으니 관련 질환이 있거나 임신 중 혹은 수유 중인 여성도 피해야 합니다.

　그런데 '지방을 잘 녹인다'는 것이 무슨 의미일까요? 우리 혈관에는 지방이 떠다닙니다. 우리가 먹은 음식에서 흡수한 것도 있고 간에서 합성한 것도 있지요. 그리고 혈액에

1　인지질은 세포를 둘러싸는 막을 만드는 재료로, 물과 잘 섞이는 부분과 물을 싫어하는 부분이 함께 있습니다.

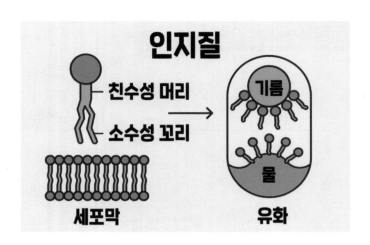

서 적혈구나 백혈구를 뺀 나머지 대부분은 물입니다. 물과 지방은 서로 잘 섞이지 않지요. 그래서 지방은 보통 혈액 중의 단백질과 결합하여 움직입니다. 이때 인지질(크릴 오일에 있다는) 같은 물질은 한쪽은 물과 결합하고 다른 한쪽은 지방과 결합하여 물과 지방을 서로 섞이게 해주는 역할을 합니다.

인지질의 역할은 비누가 몸을 씻어내는 역할과 비슷하다고 할 수 있습니다. 때는 보통 피부에서 분비되는 유분과 먼지가 합쳐져서 만들어집니다. 일종의 '기름때'이지요. 그런데 이것을 씻어내려 하면 기름이다 보니 물에 잘 녹지 않습니다. 비누나 세제는 이런 기름때를 물과 잘 섞이도록 만들어줍니다. 크릴 오일도 혈액 속에서 마찬가지의 역할을 합니다. 인지질을 통해 지방은 자기들끼리 뭉쳐 있다가 서로 흩어져 혈액 속에 잘 녹아있게 됩니다. 이뿐입니다.

물론 이 자체로 여러 건강에 좋은 효과가 나타나긴 하지만, 살이 빠지는 건 아니죠. 혈관 내의 지방이 혈액에 잘 녹는다고 살이 빠질 리야 있겠습니까? 가령 물병 안에 물과 올리브오일이 있는데 이걸 비누를 넣어 잘 흔들면 오일이 물과 서로 섞여 있습니다. 눈으로 보면 오일이 사라진 것처럼 보입니다. 그렇다고 오일이 정말 사라지는 건 아니지요.

그리고 우리가 살쪘다고 이야기할 때의 지방은 애초에 우리가 음식으로 먹은 지방이 아니라 탄수화물입니다. 간과 지방세포가 혈액 중의 포도당이 너무 과다하면, 즉 탄수화물이 너무 많으면 이들 중 일부를 지방으로 합성해서 저장합니다. 혈액 중의 지방과는 관련이 없지요.

지방을 녹이는 게 아니라 태우는 음식을 소개하는 블로그나 글도 많습니다. 대표적인 것이 엘-카르니틴입니다. 다이어트 보조제, 운동 보조제 등에 첨가되었다고 광고도 많이 되지요. 엘-카르니틴은 일종의 아미노산입니다. 가장 중요한 역할은 세포 내 에너지 공장인 미토콘드리아에 지방산을 끌고 가는 역할입니다. 미토콘드리아는 포도당이나 지방 등을 분해해서 우리가 활동하는 데 필요한 에너지를 생산하는 세포 내 공장입니다. 마치 석탄이나 석유로 전기를 만드는 발전소 같은 것이죠. 엘-카르니틴이 여기로 지방산을 끌고 가면 미토콘드리아가 태워버리니 자연히 체지방 감소 효과가 있는 것은 맞습니다. 지방을 태운다는 말이 실제로도 맞고요.

하지만 우리 간은 만약 건강하기만 하다면 이미 충분히 엘-카르니틴을 만들고 있습니다. 즉 따로 먹을 필요가 없다는 것이죠. 거기에 소고기나 돼지고기 등 육류에 아주 풍부하게 있기 때문에 채식주의자가 아니라면 모자랄 염려도 없습니다. 엘-카르니틴은 좋은 영양소임에 분명하지만 우리에게 부족하지 않고, 다른 영양소들이 그러하듯 과하면 메스꺼움이나 구토, 설사와 같은 부작용이 나타납니다. 결국 우리가 살이 찌는 건 엘-카르니틴이 지방산을 끌고 가지 않아서가 아니라 열심히 끌고 감에도 불구하고 그보다 더 많은 지방산을 탄수화물로 만들기 때문이지요. 운동 전후에 아무리 열심히 마셔도 소용없습니다.

파인애플 식초가 다이어트에 좋다는 이야기도 나옵니다. 근거로 파인애플에는 단백질을 분해하는 브로멜린이란 효소가 있기 때문이라고 하지요. 여기까지는 사실입니다. 그래서 고기를 연하게 하는 연육제로 사용하지요. 마찬가지의 논리라면 파인애플뿐만 아니라 연육제로 사용되는 키위나 배도 마찬가지겠지요.

그러나 사실은 정반대입니다. 우리가 고기를 먹었을 때 포만감이 오래 가는 이유는 단백질이 다른 성분에 비해 소화가 잘 되지 않기 때문입니다. 위에서 펩신에 의해 한 번, 십이지장에서 트립신에 의해 또 한 번, 다시 펩티다아제에 의해 또 분해되어야 겨우 흡수가 되지요. 그나마도 모두 흡수가 되지 않아서 대변으로 빠져나가는 양도 꽤 되고요. 대표적인 단백질 중 하나인 콜라겐은 20%만 흡수되고 나머지는 다 빠져나갑니다. 그런데 파인애플은 단백질의 소화 과정을 도와주니 오히려 단백질의 흡수를 도와주는 셈입니다. 따라서 다이어트에 도움이 되는 게 아니라 영양분 흡수에 도움을 주니 오히려 살이 찌게 됩니다.

반대로 조리 과정을 생략하고 생으로 먹으면 흡수가 잘 되질 않아 포만감을 쉽게 느껴서 다이어트에 도움을 줍니다. 자연이 주는 선물이라 천연 성분이 많이 포함되어서라는 건 순 거짓말이고요, 흡수율이 떨어지는 것이 이유입니다. 특히 식물의 경우 세포막 밖의 세포벽 성분이 소화가 거의 되질 않습니다. 생으로 먹을 때는 이 세포벽이 잘 파괴되지 않기 때문에 세포막 안의 영양 성분을 섭취하기 어렵지요. 우리가 불을 이용하기 시작하면서 소화 기관이 이미 불에 익힌 음식에 익숙한 것도 한 까닭입니다. 그러니 불을 대지 않은 음식은 굽거나 삶거나 데친 것에 비해 소화 흡수율이 떨어지는 것이지요. 쌀보다 밥이, 밥보다 죽이 더 소화가 잘되고 그만큼 살이 더 찌기 쉬운 이유입니다.

육식의 경우도 마찬가지입니다. 불에 굽거나 삶는 과정

에서 단백질 일부가 분해되면서 우리 몸에서 흡수가 더 잘됩니다. 또 그 과정에서 수분이 빠져나가니 포만감 없이 더 많이 먹을 수도 있고요. 육회나 회처럼 불이 닿지 않은 음식이 살이 잘 찌지 않는 것도 그 때문입니다. 물론 탄수화물이 적기 때문이기도 하지만요. 또한 이렇게 소화가 어려운 경우 소화 과정에서도 에너지 소모가 더 많이 일어납니다. 흔히 식사 유발성 열 생산(diet-induced thermogenesis)이라고 하는 부분이지요. 우리가 평상시 소모하는 열량 중 10~20%가 바로 이 음식물을 소화하는 과정에서 쓰입니다. 흔히 '팔레오 다이어트'라고 하는 이야기 중에서 그나마 근거가 있는 주장 중 하나입니다.

이외에도 다양한 음식들이 지방을 태운다고들 말합니다. 녹차가 좋다더라, 카카오닙스가 좋다더라, 아보카도가 좋다더라, 지방을 태우는 10대 음식이 있다더라, 이런 식으로 이야기합니다. 그런데 가만히 살펴보면 이 음식의 특정 성분이 몸 안에 들어가서 스스로 불을 붙여서 지방을 태우는 건 절대로 아닙니다. 이들의 특징은 항산화 작용을 한다든가 아니면 물질 대사를 활발하게 만든다는 것이지요.

하지만 먹고 움직이지 않는다면 말짱 도루묵입니다. 하루에 녹차 10잔을 마신다고 해도, 카카오닙스를 열심히 씹어도 움직여서 물질 대사를 촉진하지 않는다면, 그래서 혈액 중의 탄수화물이 사라지지 않으면 지방 세포 안의 지방은 나오질 않습니다. 우리가 살이 빠진다고 하는 것은 한 마디로 지방 세포 안의 지방을 끄집어내서 없애버리는 겁니다. 그런데 이 지방이 나오려면 혈액을 타고 돌아다니는 포도당과 근육과 간에 저장된 글리코겐이란 탄수화물이 사라져야 합니다. 이들이 모두 사라진 후에야 나오는 거지요. 그리고 이들 포도당과 글리코겐이 사라지기 위해선 두 가지 방법이 필요합니다. 운동을 통해서 태우거나, 먹지 않아 공급하지 않는 거지요. 즉 적게 먹으면서 운동하지 않는 한 지방은 사라지지 않습니다. 녹차, 카카오닙스, 아보카도 아무리 많이 먹어도 마찬가지지요.

'먹으면 낫는다'는 말, 얼마나 과학적인가?

과잉된 건강 정보는 진짜 건강을 해칠 수 있을까?

광고는 과학을 따라야 할까, 소비자를 끌어야 할까?

식품의 '기능'과 식품군의 '균형'은 어떻게 다를까?

건강 소비, 어디까지가 자율이고 어디서부터가 기만일까?

"검증되지 않은 말은
틀릴 수도 있지만,
검증될 수 없는 말은
영원히 거짓일 수 있다."

8 유사과학은 왜 생기나?

증명할 수 없는 일에 대한 과학의 자세

어떤 외딴 산속에 신비한 힘을 가진 보물이 있다고 합니다. 병에 걸린 아들을 둔 한 아버지가 그 보물을 구하기 위해 먼 길을 떠납니다. 힘든 여정 끝에 그는 보물을 지키는 스승을 만납니다. 스승에게 모은 재물을 바치자 그는 보물상자를 건네며 말합니다. "이 보물은 오직 진심으로 믿을 때만 힘을 발휘한다네. 굳은 믿음을 가지게." 아버지는 보물을 가지고 집으로 옵니다. 아버지는 스승이 말씀한 대로 보물을 누워있는 아들의 베개 속에 넣고 낫기만을 기다립니다. 하지만 아들에겐 아무런 차도가 없었습니다.

하루, 이틀, 사흘… 아무리 기다려도 아들은 좋아지지 않았고, 아버지는 다시 스승을 찾아갑니다. 아들이 차도가 없다고 호소하자 스승은 말합니다. "너의 믿음이 부족해서이니라. 너의 아들이 나았으면 하는 마음 한 구석에 '만일

안 나오면 어쩌나' 하는 의심이 있었기에 보물이 효력을 발휘하지 못했을 걸세."

그러면서 스승은 굳은 믿음을 가진 사람들이 실제로 그 보물로 병이 낫고 나서 다시 가져오기를 반복했다는 이야기도 했습니다. 실제로 병이 나은 사람들의 간증도 있습니다. 하지만 여전히 병을 앓고 있는 이들도 많지요.

이 보물이 정말 기적을 부릴 수 있는 것일까요? 전제 조건은 '온전한 믿음'입니다. 스승 자신이 그 말을 진심으로 믿고 있을 수도 있고, 아니면 거짓말을 하고 있을 수도 있겠죠. 안타깝게도 우리는 그 보물이 정말로 '믿음'이라는 전제 하에서만 효능이 있는지 확인할 방법이 없습니다. 과학적으로 그 주장을 증명할 순 없는 셈이죠. 낫지 않은 이들에겐 '믿음이 부족해서'라고 말하지만 실제로 그런지는 알 수 없습니다. 마찬가지로 나은 이들이 진정 '완전한 믿음' 때문인지도 확실치 않습니다.

과학은 검증이 가능한 사실에만 기반해야 합니다. 보물의 구체적인 성분이나 작용 기전을 밝혀낸다면 몰라도, 단지 '믿음'이라는 주관적 요소만 가지고는 과학적 탐구가 불가능해집니다. 실험이나 측정 결과가 틀리다고 혹은 맞다고 판단할 수 있는 것이 과학의 영역입니다. 따라서 위와 같은 상황은 과학적으로 무의미한 일입니다.

유사과학이 탄생하는 첫 번째 이유입니다. 하지만 우리

는 그 보물을 가진 사람들을 조사해서 몇 가지를 알 수 있습니다. 그 보물을 가진 사람 중 증세가 호전된 이는 얼마나 되고, 악화된 이는 얼마나 되는지 통계를 낼 수 있지요. 또 그 보물이 없이 병원에서 치료받은 이들 중에선 얼마나 호전이 되고 악화되었는지도 통계를 내볼 수 있습니다. 그리고 그런 통계는 거의 99% 이상 병원에 다니는 편이 낫다고 말해줍니다. 하지만 이렇게 꼼꼼히 살피지 않으면 보물의 거짓말에 당할 수밖에 없습니다. 저런 논리 그 자체는 반박할 수 없기 때문이지요. 저 보물에 해당하는 것들은 이미 책의 앞쪽에서 열거했습니다.

통계의 왜곡

어떤 사람이 '키가 크면 지능이 높다'는 확신을 가지고 있습니다. 이 사람은 자신의 확신을 증명하고자 대학교수들을 선택합니다. 교수라면 지능이 높다고 생각한 거지요. 20여 명의 교수를 만나 그들의 키를 확인한 결과, 그중 13명이 180cm가 넘었습니다. 작은 키의 교수보다 큰 키의 교수가 두 배 가까이 많았으니, 이제 이 사람의 확신은 증명된 것일까요?

물론 이 사람은 키와 지능 사이 구체적인 내적 연관 관계를 잘 모릅니다. 하지만 그 자체가 문제는 아닙니다. 모든 과학 이론이 내적 연관을 알고 시작하는 것은 아니니까요. 다만, 이렇게 소홀히 조사하는 것은 문제가 있습니다.

첫째, '크다'와 '작다'는 주관적입니다. 정확한 수치를 측정해야 합니다. 그리고 누가 봐도 납득할 기준을 정해야 합니다. 또 키와 지능지수(IQ)를 정확히 측정하고, 이 통계적으로 분석해 상관관계를 파악해야 합니다.

둘째, 직업에 따른 선입견이 개입될 수 있습니다. 대학 교수 집단에 이미 지능이 높은 사람들이 많을 수 있기 때문입니다. 직업과 무관하게 측정한 일반인 집단과 비교해야 합니다.

셋째, 성별, 인종, 가정환경 등의 요인도 고려해야 합니다. 남성의 큰 키 기준과 여성의 큰 키 기준은 다를 것이니까요. 또한 가정환경 문제도 있습니다. 아무래도 부유한 집 출신이 어려서부터 교육에 대한 유리한 조건을 가져 지능이 높아졌을 개연성이 있는데, 마찬가지로 부유한 집 출신은 어려서부터 충분한 영양을 섭취해 키가 상대적으로 클 수 있기 때문입니다.

이렇게 체계적이고 통제된 조사를 하지 않으면 편향된 결과가 나올 수밖에 없습니다. 하지만 두 현상 사이 관계를 이렇게까지 확인한다는 것은 무척 귀찮고 힘든 일입니다. 비용도 많이 들지요. 그래서 많은 사람이 성의 없는 관찰만으로 자신의 확신을 굳히곤 합니다. 그리고 누군가 문제를 제기하면 "내가 다 알아봤어. 내 주변은 다 그렇던데" 혹은 "일반인 100명을 대상으로 확인한 결과 사실로 밝혀졌습니다." 이런 식으로 대충 처리하는 과정에서 오류가 발생합니다.

의도적 왜곡

　사회에 가장 큰 악영향을 끼치는 유사과학으로 저는 인종론, 기후위기 음모론, 우생학 등을 꼽습니다. 이런 유사과학은 대부분 의도적 왜곡을 거칩니다. 물론 자신의 주장을 '아무런 과학적 근거는 없지만' 진심으로 믿는 이들도 적지 않습니다. 하지만 자기가 믿는다고 다가 아닙니다. 사람들의 지지를 얻고 사회적 영향력을 가지게 되면 정말 심각한 사태가 발생합니다.

　이렇게 나쁜 의도로 사실을 왜곡하는 유사과학이 만들어지는 방식을 살펴보죠. 'A'라는 유전적 특징을 가진 사람들이 있다고 칩시다. A 유전자가 없는 사람이 전체 인구의 99%이고 A 특징을 가진 사람들은 1% 정도를 차지합니다. 소수지요. 어떤 이 두 집단의 범죄 발생률을 조사합니다. 조사 결과 A 집단의 범죄율은 일반인들보다 60%나 더 높았습니다.

이 사람은 이를 토대로 A 특징을 가진 사람들이 범죄율이 일반인보다 훨씬 높으니 정부에서 특별히 관리 감독해야 한다고 발표합니다. 일부 언론이 대서특필하고, 정치인들 중 일부가 동조해서 특별 입법을 해야 한다고 목소리를 높입니다.

그런데 다른 과학자가 의문을 가지고 이 사람이 조사한 데이터를 자세히 살펴봅니다. 데이터에서 일반인(A 유전자가 없는)은 평균 1,000명 중 5명이 범죄를 저지른 것으로 나타났고, A 집단은 1,000명 중 8명이 범죄를 저지른 것으로 드러났습니다. 즉 두 집단의 범죄 발생률은 0.5%와 0.8%였습니다. 이게 의미 있는 결과일까요? 고작 3명이 더 범죄를 저지른다고 1,000명을 감시하고 관리해야 한다는 게 옳은 일일까요?

그런데 실제로 이런 식으로 통계를 악용하고, 왜곡하여 자신들에게 유리한 방향으로 이용하는 이들이 있어서 과학의 탈을 쓴 혐오가 나타납니다. 저 A에는 피부색이 들어갈 수도 있고, 성적 지향이 들어갈 수도 있고, 지역이 들어갈 수도 있습니다. 종족이 들어갈 수도 있고, 종교가 들어갈 수도 있습니다.

이런 통계의 왜곡에는 원인과 결과를 뒤바꾸는 방법도 동원됩니다. 1970~80년대에 걸쳐 우리나라의 독재정권은

호남 출신을 차별합니다. 정부 공무원이 되기도 힘들고, 군대나 기업도 마찬가지였지요. 그래서 수도권의 호남 출신들의 경우 사투리를 잘 쓰지 않고 자기 출신 지역을 밝히지 않는 경우가 많았습니다. 반대로 영남의 경우 그런 차별이 없고 오히려 우대를 받는 경우도 있으니 사투리를 쓰지 않을 까닭도 없고, 지역을 숨길 이유도 없었지요. 그런데 이렇게 사투리도 쓰지 않고 지역을 숨기니 음험하다고 그래서 전라도 출신을 믿을 수 없다고 이야기하는 사람들이 많았지요. 차별이 원인이고 사투리를 쓰지 않고 지역을 숨기는 것이 그 결과인데, 반대로 사투리를 쓰지 않고 지역을 숨긴다는 것이 차별하는 꼬투리가 된 거지요.

또 흑인이나 아시아인에 대해 보였던 미국 백인들의 모습도 마찬가지지요. 인종 차별에 의해 교육에서도 소외되고 좋은 직장을 다니기 힘들다 보니 자연스레 소득 수준이 낮아집니다. 소득 수준이 낮으니 할렘가 같은 집세가 싼 곳에 모여 살게 됩니다. 또 실업률도 높을 수밖에 없지요. 그래놓고는 이제 할렘가 흑인과 아시안들이 범죄율이 높다고, 이들을 범법자 취급을 합니다. 그러곤 흑인과 아시안에 대해 원래 그런 인종이라서 범죄율이 높고 게을러서 실업률이 높다고 차별의 이유를 갖다 붙이는 거지요. 의도적이고 잔인한 왜곡입니다.

공포 마케팅

미국의 어느 시골 중학생 한 명이 동급생들에게 서명을 받습니다. 일산화이수소(dihydrogen monoxide)라는 물질이 있는데 아주 위험한 물질이니 사용을 규제하고 엄격히 관리해 달라고 지방정부에 청원하는 문서였지요. 그 문서에 따르면 이 물질은 다음과 같은 위험성을 가지고 있습니다.

* 부식성이 강해서 대부분의 금속을 비롯한 많은 물질을 부식시킨다.
* 기체 상태의 일산화이수소에 노출되면 화상을 입을 수 있고, 고체 상태의 일산화이수소에 노출되어도 피부 손상을 입을 수 있다. 액체 상태의 일산화이수소에 장시간 피부가 노출될 경우 피부 박리 등 영구적 피부 손상을 입을 수 있다.

* 허용량 이상을 섭취하면 두통, 경련, 의식 불명의 증세가 나타나고, 치사량 이상을 먹으면 사망한다.
* 기관지에 흡수되면 강한 기침과 인후통을 유발하고, 다량 흡수되면 폐에 손상을 입고 사망할 수 있다.
* 일산화이수소는 아황산가스, 이산화질소 등과 반응하며 산성비의 원인이 된다.
* 이 물질은 화학 합성 물질을 포함한 음식료품에 다량 함유되어 있으므로 주의해야 한다.

그럼에도 불구하고 일반인들은 이 물질에 대해 아무런 제한 없이 접촉할 수 있다.

굉장히 위험한 물질이지요? 이 물질의 정체는 과연 무엇일까요? 명칭 그대로 일산화이수소니 산소 원자 한 개와 수소 원자 두 개로 이루어진 물질입니다. 네, 물. H_2O죠. 물이 정말로 저렇게 위험하냐고요? 저 사항들에 대해 꼼꼼히 살펴보죠.

* 부식성이 강해서 대부분의 금속을 비롯한 많은 물질을 부식시킨다.

그래서 우리는 금속이 물에 닿지 않도록 방수 도료를 칠

하거나 기름 피막을 입히고, 녹이 쓸지 않는 스테인리스강을 개발했습니다.

* 기체 상태의 일산화이수소에 노출되면 화상을 입을 수 있고, 고체 상태의 일산화이수소에 노출되어도 피부 손상을 입을 수 있다. 액체 상태의 일산화이수소에 장시간 피부가 노출될 경우 피부 박리 등 영구적 피부 손상을 입을 수 있다.

'고온'의 수증기에 화상을 입을 수 있고, 얼음을 피부에 장시간 마주하면 동상을 입고, 물속에서 너무 오래 있으면 피부 박리가 일어나지요.

* 허용량 이상을 섭취하면 두통, 경련, 의식 불명의 증세가 나타나고, 치사량 이상을 먹으면 사망한다.

얼마 전 개봉한 영화 〈1987〉에서 박종철 씨가 죽음을 당한 이유가 바로 물고문 때문이었습니다. 또 여름철에 땀을 많이 흘렸을 때 갈증으로 물을 계속 마시면 체내 무기염류 농도가 낮아져 위험할 수 있습니다.

* 기관지에 흡수되면 강한 기침과 인후통을 유발하고,

다량 흡수되면 폐에 손상을 입고 사망할 수 있다.

보통 사레가 들렸다고들 하지요. 또 물이 기도로 다량 들어가면 익사하게 됩니다.

* 일산화이수소는 아황산가스, 이산화질소 등과 반응하며 산성비의 원인이 된다.

그렇지요. 비에 이런 물질들이 녹아서 산성비가 됩니다.

* 이 물질은 화학 합성 물질을 포함한 음식료품에 다량 함유되어 있으므로 주의해야 한다.

음식 중 물이 포함되지 않은 것은 소금이나 설탕 정도 빼고는 없지요.

그렇습니다. 우리는 항상 물의 위험에 노출되어 있습니다. 이 문서를 본 중학생 50명 중 찬성이 43명이었습니다. 물이라고 눈치챈 친구는 한 명이었다는군요. 아직 어린 중학생이라서 그럴 수 있지 않느냐고 생각하실지 모르지만 사실 대부분의 성인은 중학교 2~3학년 수준의 과학 지식을 가지고 있습니다. 그래서 제가 출판사와 대중용 과학 책을 쓰기 위한 협의를 할 때도 최소한 중학교 3학년이 이해할 수 있도록 써야 한다는 사실을 서로 강조하지요.

이 중학생은 장난을 친 것이지만 실제로 이와 비슷하게 우리가 쉽게 접하는 물질에 대해 위험성을 강조하는 기업이나 사람들이 있습니다. 책에서 언급했던 공포 마케팅이지요. 대표적인 예로 식용 소금이나 설탕에 대한 공포 마케팅을 들 수 있습니다.

소금은 우리 몸의 필수 미네랄로, 적정량을 섭취하는 것이 중요합니다. 하지만 일부 업체들은 "소금이 고혈압, 비만, 심혈관 질환 등의 원인"이라며 지나치게 소금 섭취를 두려워하게 만듭니다. 결과적으로 저염 다이어트를 권하며 자사 저염 제품을 판매하고 있는 것입니다.

설탕 역시 마찬가지입니다. 당을 지나치게 과잉 섭취하면 비만이나 당뇨 발병 위험이 높아지는 것은 사실이지만, 완전히 설탕을 배제하는 것은 바람직하지 않습니다. 그럼에도 "설탕은 치명적인 살인자"라는 식의 극단적 메시지를 내세워 제로 설탕 식단과 함께 고가 대체 감미료 제품을 마케팅하고 있습니다.

또 다른 예로 화장품 업계의 공포 마케팅을 꼽을 수 있습니다. 노화는 자연스러운 과정임에도 피부 노화를 '악화되는 상태'로 규정하고 있습니다. 더불어 공해, 스트레스, 자외선 등 피부에 노출된 유해 환경 요인들을 지나치게 강조하며, 이 방지하기 위해 고가 안티에이징 화장품을 구매하도록 부추기고 있습니다.

　이처럼 우리 주변에는 과도한 위험 홍보를 통해 공포심을 조장하고 상품을 판매하려는 비윤리적인 마케팅 수법이 만연해 있습니다. 이렇게 과학의 탈을 교묘하게 쓰고 접촉하는 기업의 비윤리적인 모습을 경계해야 합니다.

9

유사과학에 대한 몇 가지 생각

무엇을, 누구를 비판할 것인가

나름대로 유사과학에 지속적으로 관심을 가지고 있고, 유사과학에 대한 책을 두 권 썼고, 이제 세 번째 책을 쓰고 있는 사람으로, 유사과학에 대한 비판 중 짚고 넘어가야 할 부분이 있다고 생각합니다.

가장 중요하게 비판할 지점은 유사과학을 이용해서 자신의 욕망을 채우려는 기업과 그들과 결탁한 과학자들입니다. 최근의 사례는 남양유업 불가리스 사건이 대표적이지만, 각종 건강식품과 건강 관련 여타 제품 문제가 가장 많이 보입니다.

하지만 다른 분야라고 유사과학이 없는 것은 아닙니다. 노동자의 작업 과정과 그와 관련된 산재에 대해 기업에 유리한 틀린 이론을 주야장창 떠드는 기업과 관련 학자들. 아직까지도 원전 타령을 하는 원자력공학과와 원전 업체들. 이산화탄소 발생과 관련해 시멘트 회사에서 폐기물을 태우는 걸 친환경이라고 하는 이들. 펠릿을 신재생 에너지에 욱여넣은 정부와 관련 학자들. 동성애와 관련된 잘못된 주장을 지겹게 되풀이하는 기독교도들과 그들과 붙어먹는 과학자들이 있습니다.

사실 유사과학에 대한 비판을 제대로 하려면 이런 이들과 붙어야 한다고 생각합니다. 이런 이들은 놔두고 콜라겐 먹고, 전자레인지의 전자기파를 두려워하는 이들을 조롱하는 것은 유사과학 비판이 아니죠. 물론 이런 유사과학을 이용해 돈벌이 하려는 이들과 유명세를 얻으려는 이들에 대해선 날선 비판이 필요한 것은 사실입니다. 하지만 이런 유사과학에 속은 사람들을 비판하는 것은 다른 문제라고 생각합니다. 간단히 말해서 속인 사람이 잘못이지 속은 사람 잘못은 아니지요.

더구나 자기가 아는 조그마한 과학 지식으로 타인을 조롱하는 일이 정말 유사과학을 뿌리 뽑는 데 도움이 전혀 되질 않습니다. 그런 건 그저 유희에 지나지 않습니다. 그것도 질 나쁜 유희일 뿐이죠.

유사과학의 범주

　요사이 유사과학을 주제로 강연을 하면서 유사과학의 범주를 자주 소개하게 됩니다. 다음은 몇 가지 분류로 나누어 본 유사과학의 종류입니다.

1. 무해하거나 별 문제가 없는 유사과학이 있습니다. 선풍기 사망설, 신토불이, 전자레인지 전자파 유해설이 그런 범주에 속하죠. 이런 유사과학은 하나의 특징이 있습니다. 이런 유사과학을 퍼뜨려 큰 이익을 보는 집단이나 사람이 없다는 것입니다. 그저 도시 전설 정도로 퍼져나가고 일종의 재미 차원이 아닐까 합니다. 그래서 이런 유사과학에 대해서는 필요하면 비판을 하지만 저로서도 크게 다루진 않습니다.

2. 유해하지만 그 정도가 약한 유사과학이 있습니다. 콜라겐, 천연 비타민, 게르마늄 팔찌, 크릴 오일 같은 것이죠. 이런 유사과학의 특징은 제품을 만드는 기업이나 판매하는 이들이 유사과학을 퍼트리는 데 큰 역할을 하고 있다는 것입니다. 거기에 일부 과학자나 의사, 약사분들이 이해관계에 따라 유사과학을 확산하는 데 일조를 하죠. 물론 효과가 거의 없는 제품을 비싸게 파는 것이라 충분히 비판할 가치가 있습니다만, 그렇다고 이런 제품을 먹거나 걸친다고 건강이 나빠지는 것은 아니니 그래도 그 피해가 덜한 것이라 여깁니다.

3. 하지만 상당히 유해해서 혁파하고 없애야 할 유사과학도 있습니다. 백신 음모론, 대체의학, 창조 과학, 탈동성애, 왕의 DNA, 발달 장애 완치 주장 등이 그것입니다. 이런 유사과학이 퍼지고 대세가 되면 사회적 기반이 파괴되고 인간이 가진 기본적 인권이 유린당하는 문제가 있습니다. 이런 문제에 대해선 과학계와 전문가가 더 적극적으로 나서서 비판하고, 일반 시민들도 더 큰 경각심을 가지고 대해야 한다고 생각합니다.

4. 거대(?) 유사과학이 있습니다. 우생학, 골상학, 인종

론, 사회진화론, 기후위기 음모론 등이 그것이죠. 이런 유사과학은 일종의 이데올로기로 작용하고 전 세계적인 영향을 미칩니다. 전에 쓴 책『과학이라는 헛소리』와『과학이라는 헛소리 2』에서 많이 다루어 이번 책에서는 기후위기 음모론만 다루었습니다만 관심이 있다면『과학이라는 헛소리』와『과학이라는 헛소리 2』를 찾아보시면 도움이 될 겁니다. 이런 유사과학은 정치적이고 이해 집단이 아주 강력하기 때문에 쉽게 사라지지 않습니다. 분명한 경각심을 가지고 대해야 할 아주 유해한 유사과학이죠.

이렇게 유사과학을 나누는 이유는 유해한 정도에서도 차이가 있지만 각자의 유사과학이 만들어지고 유통되는 이유가 조금씩 다르기 때문입니다. 그리고 유사과학에 대한 비판 중 우리가 주로 경계해야 할 것이 3과 4라는 점을 강조하기 위해서이기도 합니다.

유사과학과 과학의 경계

　'재현성이 과학의 절대적 기준인가'에 대한 이야기도 과학계에서 아직 논쟁 중인 주제입니다. 특히 재현성이 아주 중요한 공학 쪽에 뿌리를 둔 이들과 상대적으로 재현 가능성이 절대적 기준이 되지 못하는 분야의 과학에 뿌리를 둔 이들 사이에서는 재현성의 중요도가 서로 다르게 느껴질 수밖에 없기 때문입니다.

　가령 누군가가 100만 년 전의 고인류 화석을 발견했을 때, 재현 가능성은 이 고인류 화석의 인정에 있어 중요한 기준이 될 수 없습니다. 동일 종의 고인류 화석이 다시 발견되기란 쉽지 않은 일이기 때문입니다. 실제로 다양한 고인류 화석은 그래서 같은 종인지 아니면 다른 종인지 논쟁에 휩싸이는 경우가 꽤 많습니다. 같은 종류의 고인류 화석이 여기저기서 수십 개씩 발견된다면 깨끗하게 해결될 수 있을 문제겠지만 인체의 서로 다른 부위가 한두 개 정도 발견되면 그를 판단하기가 쉽지가 않기 때문이죠. 이런 사정은 고생물학에서도 마찬가지입니다. 삼엽충 화석이 새로 발견되면 이 삼엽충을 기존에 발견된 비슷한 삼엽충과 같은 종으로 볼지, 아니면 다른 종으로 볼지가 논쟁거리가 되는 경우가 많지요.

하지만 신소재라거나 새로운 발전을 가져올 물질에 관하여서는 재현성이 핵심적인 문제가 됩니다. 특히, 재현이 되지 않는 걸 계속 실재한다고 주장하면 그때는 그 진위에 대해서 심각하게 고민해볼 필요가 생깁니다. 거의 유사과학이 되는 거지요.

2023년 상온상압초전도체[1]라 주장해서 화제가 된 LK-99 이야기를 한 번 살펴볼까요? LK-99는 제가 판단하기로는 (현재까지는) 아직 유사과학 혹은 가짜 과학이라기보다는 실패한 논문(과학에서는 일상다반사인)이지만 당사자들의 언론 플레이를 보면 유사과학으로 갈 수 있는 가능성도 상당 부분 있다고 생각합니다.

2024년에도 해당 과학자 그룹이 다시 LK-99를 수정한

---

1 실온과 일반 압력에서도 전기가 저항 없이 흐를 수 있게 만드는 물질입니다. 지금까지는 아주 차갑고 높은 압력에서만 가능한 일이었기 때문에, 이게 진짜라면 과학과 기술에 큰 변화가 생길 수 있지요.

새 물질을 가지고 상온상압초전도체라며 발표했지만 과학자들 사이에서는 회의적이라는 평가입니다. 그런데 이런 초전도체 논쟁 과정에서 관련 기업의 주가가 오르락내리락 하는 과정을 보면 유사과학이 어떻게 돈벌이가 되는지를 또 다르게 보여주는 측면이 있습니다. 과학자들은 일관되게 해당 물질이 초전도체일 가능성이 거의 없다고 이야기하는데, 주식에 목을 맨 사람들이 이들 과학자들에 대해 '비애국적'이라든가 '아무것도 모르면서'라는 식으로 비난을 가하는 모습은 우습지도 않지요.

한의학에 대해

강연에서 한의학도 유사과학인지를 묻는 경우가 많습니다. 일단 제 답변은 '서양 의학'과 '동양 의학'이라는 구분은 정확하지 않다는 것입니다. 나눈다면 과학에 기반을 둔 '현대 의학'과 세계 각 지역에서 수천 년의 의도치 않은(?) 검증 과정을 거쳐온 '전통 의학(traditional medicine)'으로 나누어야 하지 않겠냐는 것이 제 의견입니다. 그리고 둘의 차이는 증상과 치료에서의 인과관계의 깊이에 있지 않을까라는 것이 거친 제 생각입니다.

가령 버드나무 속껍질이 진통 효과가 있다는 건 오랜 기간 전통 의학의 임상 실험을 통해 확률적으로 검증되었습니다. 그런데 살리실산이 진통 성분이라는 것이 밝혀진 건 불과 200년 정도에 지나지 않지요. 이는 전통 의학이 아닌 생물학에 기반한 성과라고 볼 수 있습니다. 하지만 '버드나무 속껍질-진통'의 관계와 '살리실산-진통'의 관계 차이가 그리 큰 것일까에 대해선 다른 주장이 있을 수 있지요. 살리실산이 신경 전달 물질과 어떠한 관계가 있는지가 추가로 연구되고 밝혀진 것은 이러한 측면에서 진전이라고 볼 수 있습니다.

인과관계의 측면에서 보자면 거칠고 세련된 차는 있을 수 있지만 한의학 혹은 전통 의학 자체를 유사과학이라고 보긴 힘들다고 저는 답변합니다. 하지만 전통 의학의 세부적 내용 중에는 유사과학적 요인들이 있는 것도 사실입니다. 우리나라의 전통 의학만이 아니라 서양 전통 의학이나 인도의 아유르베다, 아메리카 원주민들의 전통 의학에도 마찬가지로 존재하지요.

반대로 유사과학이라 생각했던 것이 실제로 효과가 있는 것으로 밝혀진 경우도 많습니다. 예를 들어 식물성 기름으로 가글을 하는 오일 풀링(oil pulling)의 경우 몇 개의 논문에서 치주 질환에 효과가 있다는 점이 밝혀졌습니다. 물론 아직 더 검증을 해야겠지만 아유르베다에 근거한 전통 의학적 요법이 새로 조명을 받은 한 예라고 볼 수 있지요.

이는 현대 의학이 아직 인체의 모든 대사 작용이나 내부 시스템을 완전히 파악하지 못하고 있는 반면, 기존 전통 의학이 수천 년에 걸친 강제된 임상 실험적 결과가 누적된 경험적 치료에 강점을 가지고 있기 때문이라 볼 수 있습니다.

맺음말

이 책에서는 다양한 유사과학 사례를 살펴보고 과학과
유사과학을 구분하는 방법에 대해 논의했습니다. 유사과
학은 과학처럼 보이지만 과학적 방법을 따르지 않고, 과
학적 증거를 왜곡하거나 무시하며, 획일적인 설명을 제
공하고, 비판에 대해 개방적이지 않습니다.

유사과학은 개인과 사회에 여러 가지 위험을 초래할
수 있습니다. 사람들의 건강과 안전을 위협할 수 있으며,
잘못된 정보를 퍼뜨려 사회적 혼란을 야기할 수 있습니
다. 또한 유사과학은 비판적 사고를 저해하고, 합리적인
의사 결정을 방해할 수 있습니다.

이런 유사과학에 맞서기 위해서는 비판적 사고 능력을
키우는 것이 중요합니다. 비판적 사고는 정보를 무조건
받아들이지 않고, 증거를 바탕으로 평가하는 능력을 의
미합니다. 비판적 사고를 위해서는 다음과 같은 노력이

필요합니다.

먼저 정보의 출처와 신뢰성을 확인합니다. 단순히 인터넷에 떠도는 정보를 덥석 믿어버려서는 곤란하죠. 그래서 다양한 정보원을 통해 정보를 비교하는 과정이 필요합니다. 일종의 팩트 체크죠.

그리고 또 하나 내가 틀릴 수도 있다는 자각이 중요합니다. 많은 유사과학이 주관적 판단을 맹신하는 과정에서 생기니까요. 항상 자신의 생각과 편견을 인식하고, 객관적인 시각을 유지하는 것이 중요합니다.

앞으로도 유사과학이 사라지진 않을 겁니다. 과학의 권위를 이용해 자신의 욕망을 달성하려는 사람들은 언제나 존재할 수밖에 없기 때문이죠. 또 속는 사람들도 계속 있을 겁니다. 사기를 치려는 이들에게 속지 않기란 쉽지 않기 때문이죠.

그렇다고 하더라도 이 책이, 그리고 이 책을 읽은 여러분이 조금이라도 유사과학으로 인한 피해를 줄일 수 있다면 이 책의 의미가 마냥 없지는 않을 것이라고 생각합니다. 끝까지 읽어주셔서 감사합니다.

부록

1. 이 책을 읽고 새롭게 알게 된 사실은?

"사실인 줄 알았던 것"이 뒤집히는 순간이 있었나요? 2~3가지만 적어보세요.

----

2. 가장 기억에 남는 장(章)과 이유는?

전체에서 어떤 챕터가 가장 인상 깊었나요? 그 이유는 무엇인가요?

장 제목: ---

이유: ---

----

3. 이 책을 읽기 전의 나와, 지금의 나는 뭐가 달라졌을까?

내 생각이나 태도 중 달라진 점이 있다면 적어보세요.

(예: 건강 정보를 볼 때, 광고인지 과학인지 먼저 따져보게 됐다)

----

4. 친구가 유사과학 정보(예: 콜라겐, 심리테스트, 백신 음모론)를 믿는다고 하면, 나는 이렇게 말하고 싶어요.

"   "

(내가 읽은 내용을 바탕으로, 조심스럽고 설득력 있게 말해보세요)

5. 내가 더 알고 싶은 주제는?

책을 읽고 나서 궁금해진 점, 더 찾아보고 싶은 키워드를 적어보세요.

주제 1: --

주제 2: --

주제 3: --

유사과학 판별 체크리스트

체크 항목	예	아니요
1. 출처가 명확하게 적혀 있는가? (논문, 기관, 전문가 등)		
2. 과학 용어가 사용되었을 때, 그 뜻을 정확히 설명하고 있는가?		
3. "믿어라"가 아니라 "검토해보라", "의심해보라"고 말하는가?		
4. 극적인 사례(기적, 완치, 극적인 변화)에만 의존하고 있지 않은가?		
5. 반대 의견이나 비판적인 시각도 함께 소개하고 있는가?		
6. 연구 결과나 통계 수치가 실제로 신뢰할 만한 방식으로 수집된 것인가?		
7. 유명인, 인플루언서의 말이 아닌 과학자·전문가의 근거가 제시되어 있는가?		
8. "한 번만 써보세요", "30일이면 충분합니다" 같은 과장된 표현을 사용하지 않는가?		
9. 이익(광고, 판매, 홍보 등)을 위해 정보를 조작하거나 감추고 있지는 않은가?		
10. 이 정보가 나에게 어떤 감정을 유도하려고 하는 건 아닌가? (두려움, 불안, 희망 등)		

다시 검토해보기

정보를 믿기 전에, 내 생각을 한번 더 정리해보자!

1. 내가 최근 3개월 안에 믿었던 정보 중, 지금 다시 보면 의심스러운 것은? (예: SNS에서 본 건강 식품 광고, 바이럴 심리테스트 결과 등)

----

2. 그 때 나는 왜 그 정보를 믿었을까?

(예: 유명한 사람이 추천했기 때문, 광고가 과학적으로 들렸기 때문 등)

----

3. 지금 다시 그 정보를 본다면, 무엇을 먼저 확인하고 싶을까?

(예: 출처를 검색해본다, 과장된 표현이 있는지 본다, 전문가 의견을 찾아본다)

유사과학 정보 판별 워크시트

다음은 실제로 SNS나 입소문을 통해 퍼진 정보입니다.
각 문장을 읽고, 진짜일지 가짜일지 판단해 체크해보세요.
옆에 간단한 이유도 적어보면 더 좋아요!

진짜일까? 왜 그렇게 생각했는지 적어보세요	진짜	가짜
1. 구운 마늘을 먹으면 키가 더 클 수 있다		
2. 전자레인지로 데운 물은 분자 구조가 변해서 위험하다		
3. 뇌는 나이가 들어도 새로운 뉴런을 만들 수 있다		
4. 목에 자석 목걸이를 차면 혈액순환이 좋아진다		
5. 초콜릿은 집중력 향상에 도움이 될 수 있다		
6. 정수된 물보다 생수의 파장이 더 살아 있어서 건강에 좋다		
7. 잠들기 전 30분 동안 블루라이트를 보면 수면의 질이 낮아진다		
8. 손톱의 반달이 클수록 건강하다		

이 중에서 정말 헷갈렸던 문장은? 왜 헷갈렸나요?

확인하지 않고 믿을 뻔했던 문장은? 그 이유는?

워크시트 활용 포인트

정보는 책에 없는 내용으로 구성했으며, 일부는 진짜,
일부는 유사과학입니다.
교사 또는 토론 리더가 정답(근거 포함)을 사후 제공해도 좋고,
"검색해보기 미션"으로 이어져도 좋습니다.